# しゃもじがあれば
# 箸はいらない

小林正寿

KADOKAWA

目次


## 第一章●小林正寿のウワサ 7

パート1 不思議な気象予報士のウワサ

気象予報士なのに傘を持っていないらしい 8
雨の日は駅前で傘を配っていることがあるらしい 9
中学校時代のあだ名が〝デマ〟だったらしい 11
気象予報士の駆け出しのときにやらかしたらしい 12
高校でグレたらしい 19
頼まれなくても天気予報をしているらしい 22
地元・茨城愛がすごいらしい 25
気象予報士なのに、食リポしたり踊ったりするらしい 28
「クールな男になる」が目標らしい 33

パート2 ミニマリストかそれとも……

家に布団がないらしい 36
食器もないらしい 38

小林正寿の生活はないものだらけらしい 39
食へのこだわりは強いらしい 42
モノはないが自炊はするらしい 44
〈自炊の定番レシピ〉回鍋肉／お好み焼き／お寿司 47

パート3 **天気に生活を捧げる**

眠くならないしお腹もすかないらしい 54
家でも天気漬けらしい 56
ショッピングモールでも天気のことを考えているらしい 63
天気以外では野球が大好きらしい 66

## 第二章●気象予報士になるのは運命だった 71

パート1 **少年時代と、病んだときのこと**

物心ついたときから地図好き 72
お遊戯会で「おてんきボーイズ」 74

スパルタ野球部時代 76
パニック障害に苦しむ 83
パート2 決意の気象予報士受験
ずっと心に残っていた「気象予報士」 90
「試験は3回まで」と決めていた 92
パート3 気象予報士としての修業を積む
合格したはいいけれど 96
関西でみっちり修業 101
30歳の覚悟 104
僕の「運命」論 108
第三章●おせっかいな気象予報士 111
パート1 昼夜なし、休みもなし
毎日の活動時間、20時間? 112

天気予報以外の仕事は発見がいっぱい 120

パート2 唯一無二の気象予報士になる

小林流、伝え方のルール 124

生きるために「自信」を持つ 131

特別な才能はないけれど 135

第四章●知られざる横顔 141

特別対談1 マーシュ彩×小林正寿 142

「小林さんはヤバい人だと聞いていて…」

特別対談2 長田宙×小林正寿 169

「小林さんの天気予報は〝信頼の極致〟」

おわりに 188

装丁・本文デザイン　西郷久礼
編集協力　高橋ダイスケ

# 第一章

# 小林正寿のウワサ

パート1

# 不思議な気象予報士のウワサ

## ◉気象予報士なのに傘を持っていないらしい

僕は気象予報士なのに、傘を持っていません。正確には「気象予報士なのに」ではなく「気象予報士だから」傘を持っていないということになります。気象予報士ですから、雨が降りそうな日は予定を調整したり、移動時間をずらしたりできます。今は月～水曜日の朝、「ZIP!」（日本テレビ系）に出演していますが、午前1時30分ごろに家を出るので行きは自宅からタクシー移動。番組終了後は電車で帰りますが、雨が降っていたらやむまで待ちますし、雨雲レーダーでいつやむのかもすぐわかります。なので気象予報士の僕にとって、傘は必要ないのです。ただ、2022年まで天気予報で「俺の傘予報」というコーナーをやっていて「今日は傘を持っていくか、いかないか」という話をするときは少し気まずかったです。そのときは〝もし僕が傘を持っていた場合、傘を持って外出するかどうか〟ということで話していました。ややこしいですか。

## ◉雨の日は駅前で傘を配っていることがあるらしい

自分で予報できるので傘は必要ないのですが、困るのはハズしたときです。天気予報をハズして雨が降ったとき、僕の予報を見て傘を持っていかなかった人もいるはずで、そのことを考えるとものすごく申し訳なくなってしまいます。なので、雨が降るかどうかをハズした日は、日本テレビ近くの新橋駅前のコンビニで何本かまとめて傘を買って、傘がなくて困っている人に「よかったらどうぞ」と、配ったりもしています。怖がられることもありますが、1本500円くらいするものだし、お得かなと思って。「気象予報士の小林正寿」とは名乗らずに渡しますから気づかれることはありませんが、何度か気づいていただいたこともあります。「なにしているんですか⁉」と言われれば「予報をハズしたので傘を配っています」と。

天気予報をハズして自分が濡れるのはいいですけど、人が濡れるのは絶対に嫌です。その思いが強すぎるのか、予報をハズした日はずっとモヤモヤしていて、どっと疲れが出ますし、毎日天気の予習・復習をして真剣に向き合って予報しているのに！　と、自分に対して不甲斐なさを感じます。一生懸命練習したのに試合で負けて涙を流す高校球児の心境ですね。

僕自身、天気予報では、雨が降る降らないだけではなく、その季節に有益な生活的アドバイスもしなければいけないと思っています。服装や持ち物などの話題も盛り込んだ天気予報ですが、昔はそういうスタイルは〝おせっかい天気予報〟と呼ばれて、よろしくないとされていました。でも、朝の忙しい時間だからこそ「小林の天気予報を聞いておいてよかった、得した」と思ってほしいので、生活のアドバイスや傘配りなど、おせっかいなことをこれからもしていこうと思っています。

## ◉中学校時代のあだ名が〝デマ〟だったらしい

中学校時代の僕のあだ名は〝デマ〟です。このあだ名がつけられた出来事は、僕が気象予報士を目指すきっかけにもなりました。

ある日、テレビで朝の天気予報を見ていたら、僕が住んでいる茨城県が雪の予報でした。中学校時代、僕は野球部でしたが、雪が降ると外での練習ができず、室内での簡単な基礎トレーニングになり、楽になります。雪が降るとチームメイトが喜びますから、仲間を喜ばせたい一心で「今日は雪らしいよ」と伝えました。でもその日は雪は降らず、みんなから「全然降らねーじゃねーか！」と怒られたうえに、あだ名が〝デマ〟になりました。下の名前が〝まさとし〟なので〝デマサトシ〟、通称、デマです。

このことがあって「天気予報って誰がやっているんだろう？」と気になり、頭のいいチームメイトに聞いたら「気象予報士という人がやっているらしいよ」と言うので、それから気象予報士をなんとなく意識するようになりました。この「デマ事件」が、僕が気象予報士に興味を持ったきっかけです。あだ名をつけたのはチームのキャッチャーなのですが、大人になって会ったときに「人生を左右しちゃってごめんな」と言われました（笑）。あのとき朝の番組が雪の予報をハズしていなかったら、気象予報士・小林正寿は誕生しませんでした。

## ◉気象予報士の駆け出しのときにやらかしたらしい

気象予報士としてのスタートは、初日から遅刻という最悪の出だしでした。僕はウェザーマップという会社に所属しているのですが、その初日が2013年1月15日。その前日の14日に関東地方で大雪となり、東京でも8㎝積もって交通機関が乱れました。当時は茨城県の実家から東京へ通っていたので「雪が積もっているので遅れます」と会社に連絡したところ、先輩気象予報士から「君がこれからしようとしている仕事はなんだ？　天気の仕事だろう。それくらいも予想できないのか！　前日に東京に泊まることだってできただろう！」と、出社する前からだいぶ怒られました。なるほど、たしかに気象予報士であれば事前に天気を予想して対策をとらなければならないんだと、初日から痛感させられたものです。

しかし、後々聞いたところによると、その日はどこの局も東京の天気予報は大ハズレ。ウェザーマップの先輩方も雨と予報していたそうで、雪の予報はしていなかったのです。それを聞いたときは「なんだよ、偉そうに！」と思ったものでした（笑）。

僕の気象予報士初日は波乱の幕開けでしたが、実は気象予報士の初日は天気が荒れるというのが定番なんです。僕の場合は1月でしたが、気象予報士として働き始める人が多いのが、新年度がスタートする4月。その時期は冬と春の空気がせめぎ合って低気圧が発達して、いわゆる爆弾低気圧になり、横殴りの雨になったりと荒れ模様になることが多いのです。なので気象予報士になる人は、初日の天気にはくれぐれも注意したほうがいいですね。

僕の気象予報士としての最初の仕事は、朝の番組でタレントのお天気お姉さんが読む原稿を書くというものでした。週1回、日給約1万円。つまり、月に4〜5万円。一人暮らしもできないので実家から通っていたのですが、その交通費もほとんど出ませんでした。

気象予報士は難しい資格だから稼いでいると思われがちですが、月に4〜5万円とわかってきたときは、気象予報士で食べていくのは無理だなと思いました。ウェザーマップに入って数ヶ月経ったころ、現在の社長の森朗《あきら》さん（気象予報士として「ひるおび」〈TBS系〉に出演中）から「TBSの番組オーディションがあるから行かない？」と言われたものの、その日はアルバイトの面接があるので断ったほどです。番組のオーディションよりもバイトの面接を優先するくらい気象予報士としてはまったく稼げていなかったのです。今考えればなんの経験もない新人、しかも仕事がなければ稼げるはずがないのは、どんな業界でも当然なんですが。

本来、番組のオーディションは気象予報士にとってチャンスです。ですから、オーディションを断ったことを会社の人たちには不思議がられたのを覚えています。そりゃあ、「じゃあなぜウェザーマップに所属したんだ？」って感じですよね。でも僕がバイトの面接を優先しようとしたのは、当時、僕自身がテレビに出演するということにピンときていなかったからという理由もあります。気象予報士はもっとおじさんになってからテレビに出られるもの、というイメージがありました。誰もが知るウェザーマップの気象予報士、森田正光《まさみつ》さんのイメージが強かったんだと思います。だからそのオーディションも1回は断ったのですが、翌日に森さんから「やっぱり行こう」と説得されて、しぶしぶ行ったほど、自分がテレビに出るイメージが湧いていませんでした。

そうして臨んだオーディションは、なんの間違いなのか合格となり、2013年4月からCSの「TBSニュースバード」に出演することになりました。これでアルバイトに頼らずとも、安定した収入が得られるとひと安心……とはいかないのが気象予報士とテレビの世界です。当時のウェザーマップは、新人への研修メニューがなく、いわば現場主義。素人同然の僕は当然、毎回噛《か》み噛みで、自信もありませんでしたし、その姿を見ているＴＢＳの厳しい人には「できなかったらすぐに辞めさせるから」とずっと言われるしでさんざんでした。誰も教えてくれないうえに、テレビ局の人は厳しい……。気象予報士として食べていくには、たとえテレビに出演できても多くの試練があることに気づかされ、大変な仕事を選んでしまったと痛感しました。

ただ、僕はこう見えて（？）、実は根性があるのです。それからは「辞めさせられてたまるか！」と、近所の公園で一人、番組を想定して「今日は広い範囲で晴れるでしょう」など、実際に声を出しながら練習をする日々を送りました。そうしているうちにお笑いの練習をしていると思われて人が集まるようになり、投げ銭をもらったり、缶コーヒーを差し入れてもらえたりするようになりました。あのとき、公園での練習を見守ってくれたみなさん、ありがとうございました。

公園での練習を続けつつ、天気のノートを毎日つけて勉強をしていると、だんだんと天気のことがわかるようになってきます。「TBSニュースバード」をなんとかこなしていると、1年目の8月にまた森さんから「ひるおび」に出ないかと言われました。これが、僕の地上波デビューとなりますが、忘れられない苦い思い出にもなりました。

その仕事というのは、お天気キャスターではなく、中継のキャスターでした。2013年は渇水の年で、僕に課せられたのは東京・奥多摩のダムにある人工降雨装置が久々に稼働するので、その様子をリポートするという役割です。初めての地上波、初めての中継、12年ぶりに稼働する得体の知れない人工降雨装置。素人同然だった当時の僕にとってはスリーアウトです。原稿もなく、話の構成もなにから話せばいいのかわからないまま中継がスタートしました。当時の映像を見ると、緊張でものすごく手が震えているのがわかります。司会の恵俊彰さんが「蝉《せみ》が鳴いているようですが、そちらの天気はどうですか?」と振ってくれているのに「はい、こちらが人工降雨装置になります」と返したりするなど、自分がしゃべろうと思ったことを言うのに必死でした。恵さんからどんどん質問されるのですが、僕はしどろもどろになって変な答えしかできず、あまりのひどさに恵さんも笑ってしまう始末。それを見かねたスタジオの森さんが「そこは標高が高いから、ダムの奥にある山に雨が降ればいいわけですね？」と助け船を出してくれて、わかりもしないのに「はい、そうですね」と答えるのが精一杯で……。

自分的には「失敗しちゃったな……」と思ってしまった中継でしたが、翌日はスタジオに呼んでいただき地上波のスタジオデビューとなりました。ひどい中継とはいえ、ほかの気象予報士が経験していないことをやらせてもらって、それからどんどん仕事が増えていきます。「ＴＢＳニュースバード」が週2～3回、「朝ズバッ！」（ＴＢＳ系）のサポートが週2回（番組に出演はしないけれど、天気に関するニュースやコメントの原稿を書いたり、天気の情報をスタッフや出演者に伝える、画面を作るなど、番組内の天気関連を裏方として支える仕事を、気象予報士のあいだではサポートと言います）、２０１４年になってからは、ＮＨＫの「あさイチ」にも月イチくらいで呼んでいただけるようになり、新人にもかかわらず、多くの仕事をさせてもらえました。新人時代はいろいろと〝やらかし〟ましたが、それでも駆け抜けることができたのは、周りの人の支えに助けられたから。テレビや天気のことをたくさん学ばせていただきました。

## ◉高校でグレたらしい

小・中学校はそれなりに運動も勉強もできましたが、高校では荒れました。高校に入った途端「勉強ができるからなんなんだ」「部活をやっているからどうなんだ」という気分になってしまったのです。目標を見失って成績はいつもビリで、自信がないテストの日はそもそも学校に行かなかったりという状態。学校の〝猛者〟たちが集まる補習や強制課題をさせられていました。好きだった野球も「野球をやってどんな意味があるのか」「野球を嫌いになってやろう」と思って高校ではやらず、『SLAM DUNK』の三井寿《みついひさし》のようなメンタルに陥ってしまったわけです。

学校が終わったら毎日のようにボウリング場かゲーセン通い。それからマックに寄ってハンバーガーを食べて帰るというのがルーティンで、家に帰ったらずっと野球ゲームの「パワプロ」。部活で野球をするのは辞めたけど、結局、野球を嫌いにはなれなかったですね。放課後、成績が悪めな気の合う仲間たちとたまに野球をすることもありました。

気が向かないと学校に行かない、テストも受けない僕に対して、両親はガミガミ言わず、見守ってくれていました。そこで頭ごなしに怒られていたら余計に反発して、もっと悪い道に行っていたかもしれません。そうそう、地元のボウリング場も悪いんですよ（笑）。行くとくじ引きさせてくれて、次回1ゲーム無料券が必ず当たるようになっていて、素直な高校生の僕らは延々と通ってしまうわけです。

落ちこぼれていた高校時代ですが、大学には行きたかったのでセンター試験を受けることになります。僕は今、両利きなのですが、そうなったのはセンター試験がきっかけです。試験の1週間前、体育のバスケットボールのテストがあって、テスト対策のために、1人で壁パスをしているときに右手の指の骨をボキッと折ってしまいました。せめて、試合中のリバウンドのときに折れていれば恰好もつくのですが（苦笑）。そのため、センター試験は左手で文字を書いて受けることになり、両手で文字が書けるようになりました。それから箸は右、スプーンは左、歯ブラシも左、野球の投げる・打つは右、ハサミは両方と場面や状況によって右手と左手を使い分けています。天気図に書き込みするときは両手にペンを持ったりしますね。

高校時代は全然勉強しないで遊んでいたのですが、高3の秋の終わりくらいに「第一志望の大学に入って、この授業をとって、このゼミに入って……」などと、なんとなくの将来のシナリオをイメージしはじめました。しかし、その時期から第一志望の大学を意識したところでもう遅く、その大学には落ちました。

結局、なんとか合格させていただいた大学に進学しましたが、第一志望の大学に入れるものと根拠なく思っていたので、イメージしていた大学生活を実現できなかった自分が情けなくて、自己嫌悪に陥りました。大学生になると同時に東京に出て一人暮らしを始めたので、一人の時間も増え、自己嫌悪にどっぷり浸かってどんどんネガティブな思考になっていきます。「自分はもうダメだ」「自分の将来は終わりだ」――そんなことを言う僕に、親は「社会人になってから頑張ればいい」と言ってくれ、今でこそその通りだと思いますが、当時の僕は、こうしたネガティブな感情や思考から抜け出すことができませんでした。詳細はまた第2章でお話ししますが、このころ、だんだんと体に異変を感じるようになります。

### ◉頼まれなくても天気予報をしているらしい

毎日、ツイッターとインスタグラムのストーリーズで全国、関東、茨城県の天気予報を発信しています。これは、誰かに頼まれた仕事ではありません。

テレビのオンエアのために天気予報を毎日しているんだから、オンエアだけではもったいない。テレビで見られなかった人におすそ分けしよう!と、ツイッターで全国の天気予報を発信しはじめたのがきっかけです。それから、関東と茨城県（最初は茨城県内の4市くらいだったのが、現在は全市町村）の予報をするようになりました。

僕が勝手にやっている天気予報なのですが、茨城県のいろいろな人が目にしてくれているようで、ありがたいことに多くの反響をいただくようになりました。茨城県のJリーグクラブ、水戸ホーリーホックもその一つ。ホーリーホックの試合がある日にスタジアム周辺の天気予報を勝手に発信していたら、クラブの社長の目に留まり、オフィシャルウェザーサポーターに任命していただきました。今では試合前に天気予報をアップし、また、イベントがあるときなども会場に呼んでいただいて、スタジアムでお天気教室をやったり、試合のハーフタイムにマイクパフォーマンスやトークショーなんかもさせてもらっています。

さらに、SNSの天気予報がきっかけで、茨城の地元、常陸大宮《ひたちおおみや》市の魅力を発信する常陸大宮大使に任命され、ついには茨城県のいばらき大使にも任命されました！　実はSNSで天気を発信するときは、見てくれている茨城県民の方々に、県庁も県警もツイッターをやっていると知ってもらえればとの思いから、茨城県と茨城県警の広報のアカウントを勝手につけていたんです。これがひそかにアピールになっていたのだと思います（笑）。天気予報に限らず、隙あらば茨城県の良いところをPRしたりと、勝手に大使的な活動もしてきたので、うれしいです。

そんな活動をしていると、茨城県行方市《なめがた》のエリアテレビ「なめがたエリアテレビ」にもレギュラー出演することになりました。初め、SNSの天気予報では茨城県の代表的な地域しか掲載していなかったのですが、その地域に入っていない行方市の公式アカウントが毎回「いいね」をしてくれていました。それで僕も「もう、これは全地域を入れるしかないな」と思い、それから茨城県内の全市町村を入れるようにしたんです。そうしたら「なめテレ」に呼んでいただいて、今ではなぜかラジオ体操のお兄さんとして、毎朝出演しています。行方市では、気象予報士というより、ラジオ体操の人だと思われているかもしれません。

## ◉地元・茨城愛がすごいらしい

僕の地元、茨城県常陸大宮市は田舎で、10代のころはやっぱり東京に憧れていましたし、船乗りだった祖父から横浜や外国の話を聞いたりしていると、やっぱり茨城は田舎だなと思っていました。でも、やがて東京の大学に進学して、たまに地元に帰ってくると、不思議なことに田んぼが美しく見えたり、住んでいたころはうるさいと思っていたカエルの大合唱が心地よかったり、星がすごくきれいに感じるようになりました。さらに大人になると、花貫《はなぬき》渓谷（高萩市）や国営ひたち海浜公園（ひたちなか市）、袋田《ふくろだ》の滝（久慈郡大子町）、偕楽園《かいらくえん》（水戸市）など、茨城県内の観光地にも行く機会があり「なんだ、茨城っていいところいっぱいあるじゃん」と思えるようになったのです。

それに、田舎とはいえ東京から近いことも茨城のいいところだと思っています。東京から水戸市へは特急で1時間ちょっと、常陸大宮市へも高速バスで2時間。そんな近いところなのに海や山の大自然があるのはいいですよね。それに都道府県魅力度ランキングで最下位になっても、それが「おいしい」と思える県民性も備えています（笑）。

僕だけでなく、地元の友達も茨城愛に目覚めているようです。地元の市役所や町役場にUターンで就職した友達もいて、最初は東京に出たけど、今では地元を盛り上げることに一生懸命です。

そんな友達と一緒に仕事ができたらいいなと思っていたところ、「ZIP!」の天気予報コーナーの中で、袋田の滝の凍結（氷瀑《ひょうばく》と言います）や、シガ（川の水面をシャーベット状の氷が無数に流れる現象）の映像を使いたい、という機会があったんです。このとき、町役場に勤める友達から映像を提供してもらい、紹介することができました。友達と一緒に仕事ができたうえ、それが茨城の美しい自然現象の紹介になって、うれしかったです。

茨城県Tシャツを何もない普段から着て、茨城県をアピールしています。

## ◉気象予報士なのに、食リポしたり踊ったりするらしい

僕は気象予報士ですが、テレビ番組で食リポをすることもあります。食リポでは、本業を生かして、食べ物の味を全部天気にたとえて表現します。例えば、あっさりめの醤油ラーメンを「梅雨明け十日ですね」とたとえたり。梅雨明け発表後の10日間は青空が広がるので、梅雨明け直後のようにすっきり澄みわたる味ということですね。ほかにも、背脂たっぷりの味噌ラーメンのときは、麺を持ち上げた瞬間に湯気がぶわっと立ち込めたので「ラーメン界の放射冷却や〜!」と、これはグルメレポーターの彦摩呂《ひこまろ》さんのイメージです(笑)。背脂を冬の雲に見立てて、その雲がなくなると閉じ込められていた暖かい空気が上空に逃げていく放射冷却現象にたとえたんですけど……いかがでしょう? 食リポは事前に味を確認できずその場で表現しなくてはならないので、難しそうだなと思っていました。でも、いざやってみると、意外と言葉が舞い降りてくるものですね。これも普段からコツコツと天気の

知識をつけてきた成果かもしれません。

食リポのほかにも、いろいろな番組に出演させていただいていますが、その中でも唯一、緊張したのが音楽番組です。「気象予報士なのに、なぜ音楽番組に？」と思われるかもしれませんが、「ＺＩＰ！」のパーソナリティーはアーティストの方もいらっしゃるので、「ＺＩＰ！」ファミリーの一人として出演しました。出演したのは２０１９年の「ベストアーティスト２０１９」と２０２１年の「THE MUSIC DAY2021」（ともに日本テレビ系）。「ベストアーティスト２０１９」は、三代目J Soul Brothersの山下健二郎さんが僕らに「Rat-tat-tat」のダンスを教えてくれるという企画でした。本番の約３週間前に伝えられ、僕たち「ＺＩＰ！」ファミリーは、その日からダンスの練習が始まりました。このダンスの練習で、僕のリズム感の悪さが遺憾なく発揮されることになります。

練習では、お天気キャスターの貴島明日香《きじまあすか》ちゃんたちと一緒でしたが、初日から僕だけまったくスピードについていけませんでした。「最初はゆっくり教えますね」

の時点で、僕にとってはすごく速いのです。また、僕はダンスの振付を覚えるとき、動画を見て、それを絵と文字に起こしてノートに書いています。そのせいか、ダンスになめらかさがなく、出来の悪いパラパラ漫画のような動きになってしまうのです。ちなみに、当時「ZIP!」の総合司会で一緒に踊った桝太一《ますたいち》さんも同じ方法でダンスを覚えるとおっしゃっていました。桝さんのダンスは、独特の動きで話題になっていましたので、なにか共通するものがあるのかもしれません。

本番当日まで、「ZIP!」が終わった後、練習に励みました。みんなについていけないので、一人で自主練することも多かったです。本番当日も、「ZIP!」が終わった後すぐに、生放送が行われる会場のリハーサル室に移動して、本番の何時間も前から黙々と練習。スーツ姿で一人ダンスの練習をしている男、しかも年齢的に新人でもない。ほかの出演者の方々は、「一体どこのアーティストなんだろう」と思っていたことでしょう。まさか、気象予報士がダンスの練習をしているとは思いませんよね。ちなみに、形から入るタイプなので、そういうときは「お疲れ様です」も、いつもと違ってちょっとアーティストっぽい雰囲気で言ってみたりします。

天気予報と違って、生放送でダンスを披露するのはさすがに緊張しましたし、なにより、コンサートやライブに行ったことがない僕にとって、超満員のお客さんの前でパフォーマンスをするという体験は特別でした。

２０２１年の「THE MUSIC DAY2021」のときは、「ダンスメドレー」のコーナーでＢＴＳの「Dynamite」に合わせて踊る、という企画でした。前日のリハーサルで最後に自分が映って終わるということがわかりましたので、脚の筋がダメになってもいいから誰よりも高く脚を上げてやろうと思い、本番でもめちゃくちゃ高く上げることに成功しました！　これで出番が終わった！　と安心して司会者がいる席のほうに戻ったのも束の間、続く三代目J Soul Brothersさんの「R.Y.U.S.E.I.」では、みんなで定番の振付を踊るシーンがありました。司会者席にいる僕らもカメラに抜いていただいたのですが、僕だけ奇妙なステップを踏んでいたのを覚えています。無事に出番が終わったという安堵感と余韻に浸っていたときに、急に自分の姿が映ったからびっくりしてしまって……音楽番組は出番が終わっても気を抜いてはいけません！（笑）　その後、GENERATIONSさんの「ヤングマン」と続き、ここでもカメラに抜いていただきましたが、今度はしっかり集中して「いつでも来い！」という気持ちで臨んでいたので、堂々とＹ・Ｍ・Ｃ・Ａポーズを決めることができました。

僕らの出番は21時過ぎに終わり、22時半には家に帰っていたのですが、番組は23時まであり、水卜麻美《みうらあさみ》さんがＭＣということもあって、最後まで見届けようと家で番組を見ていました。そこまではよかったのですが、本番が終わり猛練習の成果を出せたという達成感や、興奮の余韻に浸って、普段ではその時間には絶対に飲まないであろうワインを開けて、一人で飲みはじめてしまいました。そのまま酔って寝てしまい、気づいたら朝。番組は土曜日で翌日曜日はテレビ出演こそないものの、月曜日のオンエアに向けての打ち合わせ用の資料を作って朝9時ごろまでにスタッフさんに送るはずが、見事に寝坊です。僕が気象予報士になって寝坊したのはこれが最初で最後ですが、このことはいまだにスタッフさんにイジられますね（笑）。

こうして、お世辞にもダンスが上手いとは言えない僕が、音楽番組で二度もダンスを披露させていただくことになるとは夢にも思いませんでした。もしかしたら、気象予報士で音楽番組に出演したのは僕が初めてではないでしょうか。

## ◉「クールな男になる」が目標らしい

僕は毎年、手帳を新調すると、その年の目標として開いてすぐのところに「クールな男になる」と大きく書いています。なぜ「クールな男」なのか。それは、僕自身がクールとはほど遠い人間で、寡黙な男性に憧れるからです。天気予報での僕を見てもらう分には、もしかしたらクール、真面目という印象をお持ちの方がいるかもしれません。ところが、実はおしゃべりを5分と我慢できない性格なのです。これは子どものころからずっとそうで、僕と違って寡黙な父は、テレビ観賞中に僕がしゃべり始めると黙って音量を上げたものでした。大人になっても僕のおしゃべりは収まらず、オンエアの前後も、マーシュ彩《あや》ちゃんやスタッフさんを相手にしゃべっています。

もちろん、僕のおしゃべりな性格もありますが、自分自身がほぐれた状態で本番に臨みたくて、オンエア前にしゃべっている面もあります。野球だって固くなったまま打席に入るといいスイングができませんし、天気予報も一緒なんです。

そんな僕が憧れる「クールな男」像は、右手に天気棒、左手にジャケットを持って肩にかけ、波止場で係留ロープを留めるもの（ボラードというらしいですね）に片足をかける、ハードボイルドな気象予報士です。そんなわけで、以前やっていた「俺の傘予報」というコーナーではのどにぐっと力を入れて「俺の」を渋い声でやっていたのですが、そのハードボイルドさに気づいてくれる人はいませんでした。菅原文太さんや高倉健さんのようなイメージなのですが、なかなか難しいですね。

もちろん、今年（2023年）の目標も「クールな男になる」です。いつか、気象予報士を引退する日がきたら、髭を伸ばして、もみあげから顎にかけてつなげるのにも憧れます。僕は髭が薄いのでうまくいくかはわかりませんが……。

髭といえば、日本テレビのメイク室には電動の髭剃りが置いてあって、僕は毎日使っています。……ここだけの話ですが、正確には使う〝フリ〟をしています。僕の髭は数日に一回程度しか剃る必要がないくらい薄いのですが、髭剃りって、男らしくてちょっとクールだし、せっかく置いてくれているのですし。その僕の真後ろでマーシュ彩ちゃんがメイクをしているのですが、本当は髭剃りは必要ないのがバレていて（多分、これもおしゃべり中に自分でしゃべりました）、鏡越しに「必要ないのに、カッコつけてまたやってる（笑）」という顔をされます。

パート2

# ミニマリストかそれとも……

## ◉家に布団がないらしい

家にはベッドも布団もありません。毎日床で寝ています。しばらく床で寝ていたら「意外といけるな」と思うようになり、それから布団では寝ていません。最初は体が痛かったのですが、慣れたのか、体が強くなったのか。実は床ってけっこう柔らかいんじゃないですかね、低反発マットレス的な。仕事で体的には疲れているので、眠れなくて悩むことはないです。冬はさすがに掛け布団がないと寒いのでダウンコートを着て寝ています。1着を冬の間毎日着て、ひと冬が終わるころにはへたるので処分します。

もともと布団はありましたが、捨ててしまいました。僕は鼻血が出やすい体質で、ある日、寝ているときに鼻血が出て布団が真っ赤に。あまりの染まり具合に「誰かに見られて事件性があると思われたらどうしよう……」と心配になり、処分しました。それ以来、家に布団がなくなりました。

新しい布団を買っていないのは「面倒くさい」からです。新しい布団を買いに行くのが面倒くさいですし、なしで生活してみたら大丈夫だったので、現在に至ります。床に寝るのは、朝の番組に出ていることもあり平日はいつも午前0時に起床の僕にとって、寝坊対策にもなっています。床で寝ていると、こまめに目が覚めますから。仕事で体は疲れているので寝つきはいいし、回復もしているんじゃないですかね。

実は家にソファがあるんですよ。コロナ禍以前は、自宅で勉強会や打ち合わせをすることもあり、人を呼んだときに床に座ってもらうのは申し訳ないなと思って買いました。ですが、コロナ禍で人を家に呼ぶ機会がなくなり、ベッド代わりにするには狭いし硬いので、自分が仕事をするときにときどき使うだけになりました。1人で使うにはちょっと大きく、それほど使っていないのですが、捨てるのが面倒くさいので置いたままです。

## ◉食器もないらしい

食器は……ありません。調理器具は炊飯器とフライパンが1つ。包丁や皿、お箸もないです。包丁は持っていましたが、洗うときによく手を切るので捨てました。なにか飲むときはほとんどペットボトルか缶なのでコップもありませんが、どうしても必要なときはプロテインのシェーカーを使っています。自分だけだったらまったく困りませんが、人になにかを飲んでもらうときに困るんですよね。

以前、冬の寒い日に、お隣さんの家のカギが壊れたようで、外で修理の業者さんが来るのを待っていたんです。寒いから大変だと思って、粉から作るコーンスープを差し入れしようとしたのですがマグカップがありません。そこで、そのシェーカーにコーンスープを作って持っていきました。そうしたら、お隣さんの彼氏も後から駆けつけたので、彼にもと思って、彼女が飲み終わってから、そのシェーカーを洗って彼にもまた作りました。コップがなくて困るとしたら、こういうときですかね。

多少の不便を感じても〝買うのが面倒くさい〟が勝ってしまうので、今も結局シェーカーが1個あるだけです。

## ◉小林正寿の生活はないものだらけらしい

僕の家にあるのはリモート打ち合わせ用の机とイス（コロナ禍で購入）、ソファ、冷蔵庫、仕事用の服、本、いくつかの調理器具くらいです。仕事に合った生活をしていたら自然にこうなりました。ポリシーや思想的な理由でものがないというより気づいたらこうなっていた、というのが正しいです。僕はミニマリストというより

〝面倒くさがり〟。必要だとしても、新しいものを買うのが面倒くさいんです。生活に必要とされているものも、意外となくてもなんとかなるんですよ。それで、余計にものを買わなくなりました。食事は床で食べればいいし、カーテンもないんですけど、外がよく見えて、気象予報士にとってはプラスです。カーテンがないのも布団と同じ理由で、鼻血を出したときにカーテンで拭いてしまい、これもまた「事件性があると思われたら……」と、処分しました。

カーテンがないと明るくていいですよ。午前0時起床なので、月明かりで目が覚めることもあります。月って意外にまぶしいんですよ。ロマンチックじゃないですか？　日中は虹が出ていたらすぐ見つけられます。いっそ、どの方角の空も見られる部屋に住めたら……全面ガラス張りの水槽みたいな部屋が理想です。夜はプラネタリウムみたいになって、それをお風呂に入りながら眺められたら最高じゃないですか？

昔からものがない生活だったわけではなく、実家にはベッドもあるし、ゲーム機

リビング。寝るときは床のあいているスペースで寝ます。

もありました。でも、気象予報士の仕事を始めてからは、趣味を聞かれても「わかりません」と答えるくらい仕事一筋になってしまって。一筋といっても仕事の時間が苦しいわけではなく、気持ちが疲れることもないので、リラックスしたり、リフレッシュしたりする必要を感じないんですよね。なので家に余計なものが必要なくなるんです。今のところ特に遊びたいという気持ちはなく、時間があったら仕事のことを考えていたいですし、仕事場でディレクターさんと話したり「明日のオンエアはどうしよう」と考えたりしていることが楽しいので、気象予報士は僕の天職だと思っています。

## ◉食へのこだわりは強いらしい

僕の主食はハンバーガーです。1週間毎日ハンバーガー、ということもあります。お店はだいたいマクドナルド。注文するメニューも決まっていて、テリヤキマックバーガーのLセットに、チキンクリスプを2つ、普通のハンバーガーを3つ、計6

バーガーが晩ご飯です。これが1日の食事のすべてで、基本的に食事は夜だけです。これは仕事中に眠くならないよう朝と昼はなにも食べないようにしているから。いつも同じ組み合わせなので、よく行くお店の店員さんも注文を覚えてくれているので楽です。毎日ハンバーガーを食べてもまったく飽きません。

子どものころ、病院に行ったときのご褒美でマックを食べさせてもらえた特別感が今でも忘れられないんです。それに祖父がアメリカ航路の船乗りで、今は横浜にある氷川丸の現役時代にも乗っていたんですけど、その祖父が洋食やハンバーグが好きで、よく一緒に洋食店に連れていってもらっていました。その祖父の影響もあります。僕にとってハンバーガーは好きな食べ物というよりも、当たり前の食べ物。みなさんのお米みたいな感覚じゃないかと思います。たぶん、離乳食を経ずにハンバーガーを食べているんじゃないですかね（笑）。そのくらいずっとハンバーガーを食べ続けています。

## ◉モノはないが自炊はするらしい

自炊は結構します！　一番作るのは回鍋肉《ホイコーロー》で、包丁がなくてもできます。肉は細切れをそのまま使いますし、キャベツなどの葉物野菜は手でちぎり、手でちぎれない長ネギなんかは犬歯で噛みちぎります。材料を炒めるときは、ネギの青い部分を使って混ぜればＯＫ。炊飯器でご飯を炊いたら、茶碗も皿もないので、回鍋肉を直接炊飯器のご飯の上にかけて、しゃもじで食べています。ご飯はいつも２・５〜３合くらい炊きますが、１日１食なので一度に食べます。のっけてしまえば味もちゃんとして美味しいですよ。慣れれば大丈夫ですが、うっかり炊飯器の内釜にさわると熱いので、そこは気をつけていますね。ほかにはお好み焼きもよく作ります。キャベツをめっちゃちぎって、隠し味で長ネギを入れて……長ネギは噛みちぎるので大きくなっちゃって隠しきれないですが。炊飯器の内釜をボウル代わりにして、切った野菜とお好み焼き粉と卵を入れて混ぜて、フライパンで焼きます。

一度、家でハンバーグが食べたくなって自分で作ってみたんですが、これは大失敗でした。肉本来の味を楽しみたくて、塩やスパイス、パン粉などを一切入れずに焼いたんです。肉そのものの味がするのかなと思ったんですけど、なんというか、「無」な感じでしたね……。今まで食べたハンバーグの中で一番マズかったです。マズすぎて頭痛がしてきて、味付けは大事だなと思いました。今度、ハンバーグを作るときは、一人ペッパーミルパフォーマンスを楽しみながら、味付けしてみようかなと思います。あ、もちろんものはないのでエアーです。

先ほど、ハンバーガーが主食と書きましたが、栄養重視の食事をしようと思ったときは、回鍋肉か、肉野菜炒めか、お好み焼きを作ります。忙しくて、カロリーさえ摂れればいいな、というときはパンやお弁当を買います。昔から食べているのがミニスナックゴールドというパン。一つで約５００kcalあるので、急いでいるときによく食べます。カロリーなどの数字を見るのは気象予報士のクセではありませんが、カロリー表示を見て「そういえば、あすは上空５００hPa（ヘクトパスカル）にマイナス36度の寒気が入るから大雪か……」と考えてしまうことはあります。

嫌いな食べ物は、透明なもの。代表的なのは生春巻き。誘惑されている感じがして嫌ですね。具が見えるじゃないですか。見せる必要ないと思いますし、透明じゃなくてもいいと思うんですよね。あの透け感はダメです。

# 自炊の定番レシピ

# 1

## 華やかなピーマンが食欲をそそる
# 回鍋肉

**材料**

キャベツ…フライパンに入るくらい
ピーマン…彩り豊かになるくらい
長ネギ…適量
豚こまぎれ肉…238円くらいのもの。いっぱい肉を食べたいときは278円くらいのもの（100gあたりではなく、1パックの値段）
回鍋肉のもと…市販のもの
ご飯…2・5~3合

**作り方**

**①野菜を細かくする**

キャベツは手でちぎる。シャキッと食感が残る大きさ（小さくしすぎない）になったら、とりあえずフライパンに入れてみて、入りきる量かを確認する。

ピーマンは上から親指で押して穴をあけ、タネを取り出し、縦長にちぎる。濃いグリーンのピーマンは、完成時の一番の華、アイドルでいうところのセンター。

長ネギは犬歯でナチュラルカットにする。炒めるときに菜箸がわりにするので、青い部分は取っておく。

**②焼く**

肉をフライパンに入れ、長ネギの青い部分で混ぜる。肉の色がカエデの紅葉のような美しい紅色から、木枯らしに吹かれるような落ち葉色になったら、

キャベツ、ピーマン、長ネギを投入。

緊張感からか硬さのあった野菜たちが柔らかさを持ち、その場に和んできたら、さらに新しい仲間、回鍋肉のもとを投入。野菜、肉全体を優しく包み込んでくれたら火を止める。

### ③盛りつけ

炊飯器で炊いておいたご飯の上に乗せ、しゃもじでいただく。炊飯器の内釜に口をつけると大やけどをするので、内釜は炊飯器にセットしたままにしておくとよい。

〈コメント〉長ネギのカットをすると、少なくとも3日間は、口の中にネギの気配を感じます。でも、長ネギは回鍋肉にもお好み焼きにも合い、菜箸としても使えるなんでも屋。野球でいうところの、絶対にベンチに置いておきたいユーティリティープレイヤーと言えるでしょう。

# 2

## 野菜を食べたいがご飯がないときに

# お好み焼き

**材料**

キャベツ…小林流の量
長ネギ…適量
肉…適量
お好み焼き粉…市販のもの
卵・水…お好み焼き粉の説明にある量
ソース・マヨネーズ…適量

**作り方**

**①野菜を細かくする**

キャベツは手でちぎる。大きいとひっくり返すときに苦労するため、なるべく細かく、経験からわかる小林流の量になるまで。かなりの時間を要するので、運動会のときに流れる「天国と地獄」を聴きながらちぎるのがおすすめ。

長ネギは犬歯でカット。

**②生地を作る**

お好み焼き粉と卵、水、肉（事前に焼いておく）、キャベツ、長ネギを炊飯器に入れ、長ネギの青い部分を使って、どろどろになるまで混ぜる。空の炊飯器を有効活用。

**③焼く**

フライパンに生地を流し込み、焼く。

**④ひっくり返す**

サイドから長ネギでツンツンして、ザラッと音を

立てながらスライドするくらいまで焼けてきたら、ひっくり返せるサイン。左手にフライパンのフタを持ち、お好み焼きを慎重にスライドしてフタの上に乗せる（このとき、焼けていないほうが上になる）。

マニュアル車の坂道発進のときのごとく覚悟を決めて、左手で持っているフタをスナップを利かせながら一気にフライパンに返す（このとき、焼けているほうが上になる）。

引き続き焼き、フライパンをゆらゆら揺らしてお好み焼きがスケートするようになったら火を止める。

テーブルもしくは床にタオルを敷いてフライパンを乗せ、ソースとマヨネーズをかけて、しゃもじでいただく。

〈コメント〉キャベツを細かくちぎるときに限らず、急ぎたいとき、制限時間を設けて作業するときは「天国と地獄」を聴いています。

# 3 お寿司

## ご飯を食べたい！というときに

**材料**

ご飯…2・5〜3合
味のり…適量

**作り方**

**①握る**

手を水で濡らし、炊きたてのご飯（酢飯ではなく、そのまま）を、寿司らしい直方体に握る。

**②ネタを乗せる**

味のりをちぎって乗せ、「へいお待ち！」と威勢のいい声を出しつつ、キッチンのカウンターに並べていく。雰囲気重視。カウンターの反対側にまわり、食べる。

〈コメント〉「それはおにぎりでは？」とのツッコミを受けますが、おにぎりといえば三角形なので、これはおにぎりではありません。しかも、名前に「寿」が入っている僕が握っているのだから、正真正銘の寿司です！　お腹がすきすぎているときは、ご飯が冷めるのを待たずに握りはじめてしまうため、猛暑日のときにすべり台を触ってしまったときのような熱さを感じ、数貫握って諦めることも多いです。

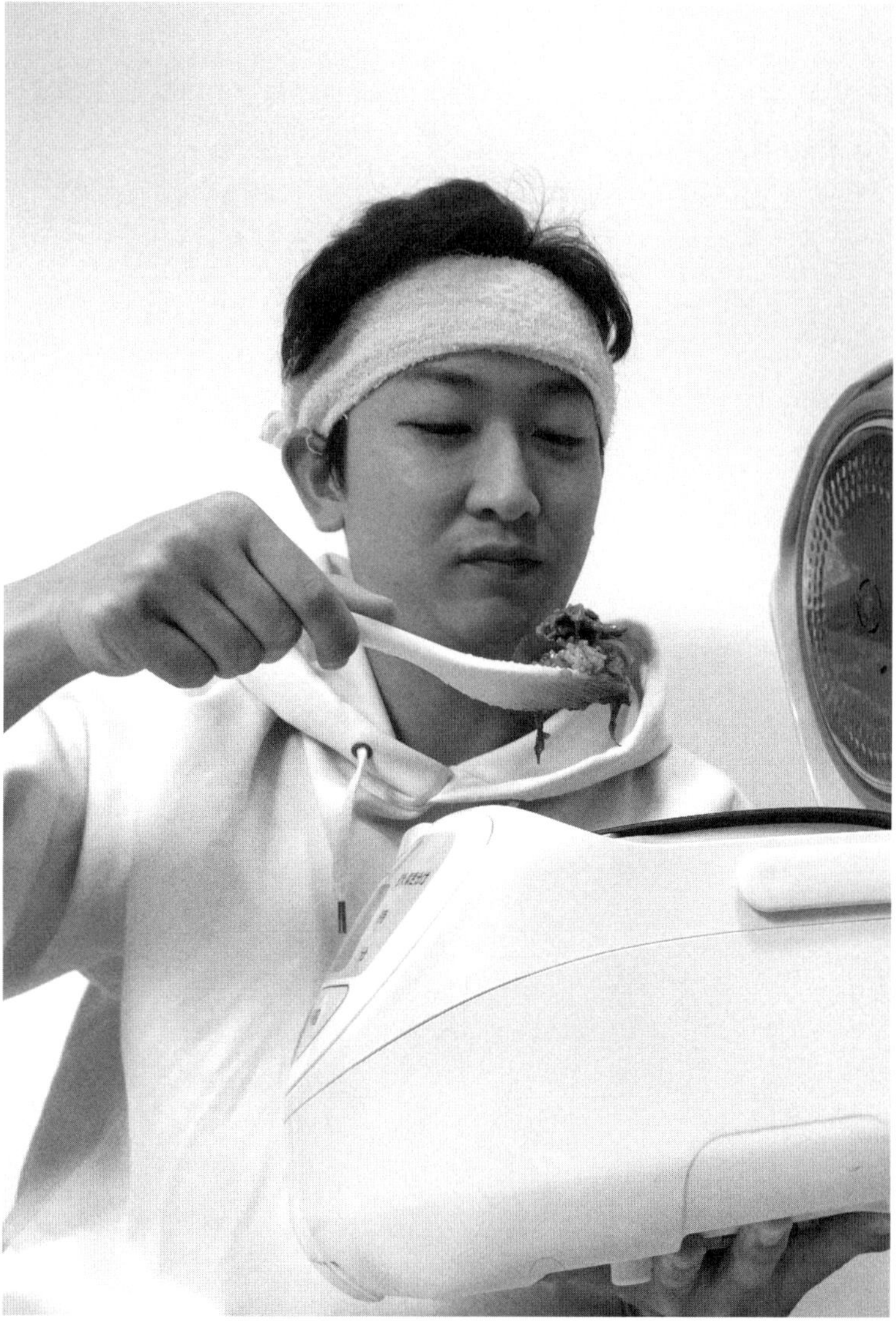

回鍋肉を食べる。頭のタオルは汗が垂れるのを防ぐためでもありますが、1番はこうすると気合が入るから。雰囲気重視です。

# パート3 天気に生活を捧げる

## ◉眠くならないしお腹もすかないらしい

ご飯を食べると眠くなるので仕事中は食べません。というか、仕事中は集中しているので、眠気や空腹を感じることはあまりないのです。忙しかったり、集中していたりすると空腹もそれほど感じず、終わった瞬間に一気にお腹がすくという毎日です。遠方へロケに行っても移動中になにか食べたり、仮眠をとったりすることもありません。野球の試合中に眠くなったり、お腹がすいたりしないのと一緒ですね。仕事がないときは寝たり、食事したりはしています。

寝ているとき以外は常に天気のことを考えています。今のような1日1食、3〜4時間睡眠スタイルの生活になったのは2018年からですね。それ以前は3年間、関西テレビの番組に出演していて、人生で一番規則正しい生活をしていました。

3年を区切りに東京に戻りましたが、戻ったときは出演する番組がなにひとつなかったので、イチからオーディションを受けなければならない状況でした。僕も心配でしたが、それ以上にウェザーマップもなんとかしなければと焦って営業してくれた結果、「TBSニュースバード」と「news zero」(日本テレビ系)の出演、「Oha!4 NEWS LIVE」(日本テレビ系)のサポート、さらに地方局の原稿やニュース配用の記事の執筆など、まったく休みがない状態になってしまい……。とにかく忙しくて、65kgあった体重が1年で47〜8kgまで落ちるほど。「ZIP!」に出はじめたときが一番やせていた時期で、今はよく、太ったと言われるんですが、もとに戻っただけなんです!

今思えば、あのときは忙しすぎて、ハンバーガーを食べる量が足りなかったのだと思います。15kgもやせると、イスに座ったときにお尻が痛い、ということを学びました。

## ◉家でも天気漬けらしい

月～金曜日までテレビ局にいるので、家で過ごすこと自体が少ないですが、家にいるときも結局仕事をしています。天気の予習・復習をしたり、リモートで打ち合わせしたりと、仕事以外の時間はあまりないですね。時間に余裕があるときは、本を読むことが多いです。天気関係の本はもちろん、それ以外の本も読むようにしています。天気だけに詳しい「お天気博士」になるだけだと、天気についての専門知識のない視聴者には伝わりません。天気の専門的なことを、わかりやすく視聴者に伝えるためにはなにが必要か。僕は、そのためには「たとえ話」が必要だと思っています。たとえ話のポイントは、みんなが知っていることでたとえること。いくつか例を挙げてみましょう。

台風から変わった温帯低気圧は、皆さんに油断されがちです。でも、台風も温帯低気圧も、構造が異なるだけで、どちらも強い雨・風をもたらします。そこで、「台風が温帯低気圧になるのはウルトラマンから仮面ライダーに変わったようなもの」と、どちらも「強い」という共通点がある両者でたとえたことがあります。本当はヒーローなのに、申し訳なくはありますが……。

温帯低気圧と同じく油断されがちなサイズの小さな台風は、「フクロウ」にたとえたことがあります。フクロウは羽音をたてずに獲物に近づき、一気に襲いかかります。小さな台風も、近づくまでは穏やかな天気なのに、近づいたとたんに大荒れになるので注意が必要です。ちなみに、フクロウが静かに飛ぶことができるのは、風切羽にセレーションと呼ばれるギザギザがあり、空気をうまく逃がしているからなのだそうです。

天気の解説で最もよく使われるたとえ話は、雪の日に「ペンギンのように歩きましょう」と注意を呼びかけることかもしれません。例に漏れず僕もこの呼びかけをするのですが、「本当にこの伝え方でいいのか」と悩んだことがあります。というのも、よちよちと短い脚でかわいく歩いているように見えるペンギンですが、実はモフモフの体の中に長い脚が隠れているんです。しかも、その脚の形は空気椅子の体勢のように膝が曲がっている状態。もしこの体の仕組みを知っている人がいたら、その人に対しては全然違う呼びかけになってしまうのではないかと……（笑）。

頭の中にたくさんの引き出しがなければ、わかりやすいたとえ話はできません。だから僕はいろいろなジャンルの本を読むことで引き出しを増やすようにしています。本を買うときは、大型書店に行って、ぱっと見て気になるタイトルの本があればどんなジャンルでも即購入。音楽や生物の本が仕事につながったこともあるので、一見、天気に関係なさそうな知識でも、備えておくにこしたことはありません。たとえ話で使うのはみんなが知っているような話ではありますが、ペンギンの話のように、当たり前を疑って逐一確認し、伝え手側が理解を深めておくことも重要だと思っています。

「たとえ話」のほかにも、気象予報士は〝ネタ〟と呼ばれる天気となにかを結びつけた豆知識のような話をすることも多いです。例えば、2月の節分の豆まきでは「まく豆が落花生の地域と大豆の地域があって、大豆の生産が有名な北海道は落花生を、落花生の生産が有名な千葉県は大豆をまく」という話。桜の花も定番のネタですね。開花したばかりのソメイヨシノの中心は白くて、少し緑がかっているのですが、散りぎわになると中心が濃いピンク色になります。その色になるとそろそろ散るよというサインなので、僕は「ピンクはサヨナラのサイン」と話しています。雨の季節なら「アメンボ」。「水たまりや水辺で見かける『アメンボ』の由来は『雨』ではなくて『飴』。アメンボが虫を捕まえるときに、飴の香りに似たニオイを出すことから『飴坊（あめんぼ）』などと書かれるようになったことが由来」という話です。「へ〜」と思っていただけたでしょうか。ちなみに、ツイッター等で天気予報を発信するときに「雨」と打ちたいのに「飴」と変換されてしまいイラっとするのは気象予報士あるあるです。「飴が降る」のも悪くはない気がしますが。

こうしたネタは日ごろから仕込んでいないと、放送中にパッと出てこないので、本を読んだり、自分の足で探したりしたものを常に整理しています。植物、動物、食べ物など、天気はありとあらゆるものと関係があり、世の中のもので天気とまったく関係ないものはほぼないのではないでしょうか。ネタには気象予報士の個性が出るので、注目してみるとおもしろいですよ！

天気予報は明日になれば不要になりますが、予習・復習を毎日していると「この天気のとき、僕はこう考えて予報を出していたのか」という資料になります。また、朝はツイッターとインスタグラムに天気予報をアップして、夜は天気ブログを書くことによって、テレビ局に行ったときに頭が整理された状態になっています。天気は天気図を見ればすべてわかるというものではなく、コンピューターの予想を疑ったり、迷ったりする気圧配置は毎回あって、そのときに復習が役立つんです。事前に天気を予習したり、復習することによって、同じような天気のパターンがきたとき「この気圧配置のときはこうだったな」とか「たしかコンピューターの予測がハズれたな」と考えることができます。ほかにも、大雨や暴風、大雪などによって災害が起きたときは、新聞の記事を保存しておいて、似たような天気のときにどのような災害が起こるのか、どのような被害のおそれがあるのかを想定する資料として活用しています。そういう予習・復習をこまごまやっていると寝る時間がどんどん少なくなっていきますが……。特に復習は時間を気にせずできるので、自分が納得いくまで、調べたり、考えたりするようにしています。

テレビ番組のオンエア前の事前準備・天気図を読み解く作業（これを「予報作業」といいます）は、常に動く天気を相手に、限られた時間の中で行わなければいけません。しかし、復習に時間をかけて自分のものにしておくと、予報作業が速くできるのです。予報作業が速く的確であれば、急激な天気の変化でもいち早く気づくことができ、オンエアでそれを伝えることができます。僕の大切にする「命を守る予報」は、この復習あってのものだと考えています。

天気は1日として同じことはなく、日々変わっていくものなので、年齢を重ねて、多くの天気を見てきた人のほうが有利なのでは、と思う人もいるかもしれません。でも僕は、天気の勉強は年齢に関係なく、どれだけコツコツ積み重ねてきたか、だと思っています。若ければその分、一つ一つの復習をしっかりして、勉強するだけのことです。

テレビ番組での天気解説は、場数を踏むことで慣れ、力がついてくる面はたしかにあると思います。だからこそ、20代前半の若手のうちにいろいろな番組に出演させてもらった僕は、同世代の気象予報士よりもしっかりしなくてはいけない、後輩にもしっかりした姿を見せなくてはいけない、と思っています。最近、ウェザーマップの後輩を指導する機会をいただくこともあるのですが、ときどき「ひるおび」でのやらかしを若い子に見せることもあります。きっと勇気を与えられているはず（笑）。

「ひるおび」デビューのときは緊張していましたが、最近ではなにをするにも緊張することがほとんどなくなりました。というのも、何万人も見ている「ひるおび」

で、あんなに恥ずかしいリポートをしたんだからもう怖いものはない、という気持ちがあるからです。天気予報で緊張しないのはもちろん、バラエティ番組に出て、大御所のタレントさんの前で自分のことを面白おかしく話すことも、千人規模の講演会で話すことも、普段の会話とまったく同じテンションでできています。あっ、音楽番組の生放送でダンスを踊ったときだけは緊張しましたが。

「ひるおび」で緊張したのも、ちゃんとした準備ができていなくて自信がなかったから。今は毎日天気の予習・復習をしてなんでも対応できるように準備をしています。だから緊張はしないし、自信をつけるために毎日勉強をしているのです。

## ◉ショッピングモールでも天気のことを考えているらしい

時間があるときはショッピングモールやアウトレットモールによく行きます。僕の場合は買い物ではなく、そこに来ているお客さんを眺めることが目的です。ショッピングモールにいるお客さんって、みんな幸せそうな顔をしているじゃないですか。そんな人たちの表情や服装を見るのが楽しくて。ほら、みなさんディズニーランドって行くと幸せな気分になるし、好きですよね。僕にとって、ショッピングモールはそれと同じです。そこで買い物をしている家族とかを見るのが好きなんですよね。それから、「今日の天気だったらこれくらいの服装かぁ」「若い子の今年の流行はゆったりしていて、風通しのいい服なんだな」と、歩いている人の服装を観察しています。

こんな話をすると、小林はどこに行っても天気のことばかりだと思われるかもしれませんが、ショッピングモールで天気のことを考えているのは、なにも僕だけではありません。ショップの店員さんだって「今日は寒いですね」とか「雨に降られませんでしたか」と、天気の話をしているでしょう？　ショッピングモールだけでなく、会社や街で誰かに会ったとき、みなさんも「最近は暑いですね」、「雨が降りそうですね」という会話をしたことがあると思います。そうなんです！　実はみなさんも毎日天気のことを考えているんです！　会社の人同士も、街にいる人も、テレビの中の人もみんな天気の挨拶をしています。

ただ、僕の場合は天気の話になると、軽く流せません。店員さんに「今日は天気がいいですね」と言われて「でも、上空に寒気が来ているので、この後、雷雨になりますよ。それに〜」とかいろいろ話していたら、レジに列ができてしまったことがあります。「雨が降りそうですね」と言われて「そうですね、上空500hPaにマイナス○度の寒気が入っていますが、あと数時間は大丈夫ですよ」と言ったり、「雨が降っているので袋にビニールかけますか？」と聞かれたときも「あと30分で晴れるので大丈夫です」と言って不思議そうな顔をされたこともあります。

ショッピングモールで、自分の服を買うこともあります。買うときのポイントは、流行《はや》っている服です。流行っている服が、気温に対してどんな体感・着心地なのかを知りたいからです。天気予報のときに、どんな服装で出かけるのがいいかアドバイスもしますから。例えば、ここ最近の夏は半袖の中でも肩が落ちてぶかっとしている服が流行でしたが、ああいう服は、風通しがよくて着心地がよいと、買って体感じました。「ZIP!」では女性キャスターと一緒に出演して、その日なにを着るのがいいかを話題にしたり、アドバイスをすることもあるので、女性の服やファッションも、ショッピングモールで研究し、かなり勉強しました。例えば風が強い日は髪をまとめたほうがいいとか、スカートは広がらないようにタイトなほうがいいとか。ただ、リモートの打ち合わせで若い女性のスタッフさんに「キャミソールはどんなときに着ますか?」と聞いて「キモイです」と言われたこともあります……（苦笑）。

## ◉天気以外では野球が大好きらしい

中学校時代は野球部でしたし、今でも野球は大好きです。僕は1988年生まれで、いわゆる〝ハンカチ世代〟。この世代には斎藤佑樹さん、田中将大さん、前田健太さん、坂本勇人さん、柳田悠岐さん、地元の茨城だと広島東洋カープの會澤《あいざわ》翼《つばさ》さんなど、そうそうたる野球選手たちがいます。

僕が初めて球場でプロ野球の観戦をしたのは2000年8月11日の日本ハム対オリックス戦。そのときのオリックスにはイチローさんがいて、外野を守るのはイチローさん、谷佳知さん、田口壮さんという伝説の布陣でした。でもその試合は岩本勉さんの好投もあって12対1で日本ハムが勝利しました。当時〝ビッグバン打線〟と呼ばれた打線のすごさに圧倒され、それまで巨人ファンだったのに日本ハムのファンクラブにも入るほど、夢中になりましたね。水戸市民球場でよく2軍戦が行われていて、見に行ったものです。

野球観戦は、試合はもちろん、スタンドにいる人たちを見るのも楽しみです。「次はインコースに来るぞ」などと監督になりきっている人の解説を聞くのが好きなんですよね。

社会人野球の都市対抗野球大会もよく見に行きます。マニアックですね、と言われることがあるんですが、都市対抗野球はプロ野球や高校野球とはまたひと味違った楽しさがあります。スタンドを見るのが好きな僕としては、会社の各部署・事業所の人たちが一丸となって応援しているのがポイント。社会人になっても、学生時代を思い出すような雰囲気があっていいなぁ、野球チームを持っている会社だったら、仕事以外の楽しみで団結できて楽しいだろうなぁ……なんて想像をしています。

それから、社会人野球の応援合戦も好きです。プロ野球と違ってトーナメント方式の1回勝負のため応援に熱が入るのですが、応援合戦でブラスバンドが演奏する曲が独特なんです。例えば、セガサミーは、「北斗の拳」「サクラ大戦」「ウルトラセブン」など、自社コンテンツを利用した曲が多かったり。どっちかの企業の応援スタンドに行けばそのチームのユニフォームがもらえたりすることもあります。僕も、地元茨城県の企業チームである日立製作所のタオルをいただいたことがあって、大事に持っています。

以前は草野球もやっていましたけど、コロナ禍もあって、最近はなかなかできていません。いずれ落ち着いたらまたやりたいですね。

最後に野球関連で自慢を一つ。当時、「ZIP!」で共演していた貴島明日香ち

野球観戦。ワールドトライアウトというマニアックな試合を見に行きました。

ゃんが始球式に出るので、僕が明日香ちゃんにピッチングを教えるというロケを東京ドームでやったんです。そのとき、東京ドームのブルペンに入れてもらって、そこで投げさせてもらったんですよ！　プロ野球関係者以外、ブルペンは滅多に入れないと聞き、うれしさも倍増しました！

# 第二章

# 気象予報士になるのは運命だった

パート1

# 少年時代と、病んだときのこと

## ◉物心ついたときから地図好き

幼少期のことで覚えているのは、とにかく地図が好きだったこと。3歳ごろにはもう地図ブームが始まり、家にあった道路地図を見ていたようで、そのうちに、両親が地図帳を買ってくれました。地図に書かれている地形や鉄道路線を見て「鉄道が通っていなくて不便そう」などと考えながら、空想の路線図を描くのが、お気に入りの遊びでした。ちゃんと駅を置く間隔も考えて、我ながらいい路線を作っていたんです。

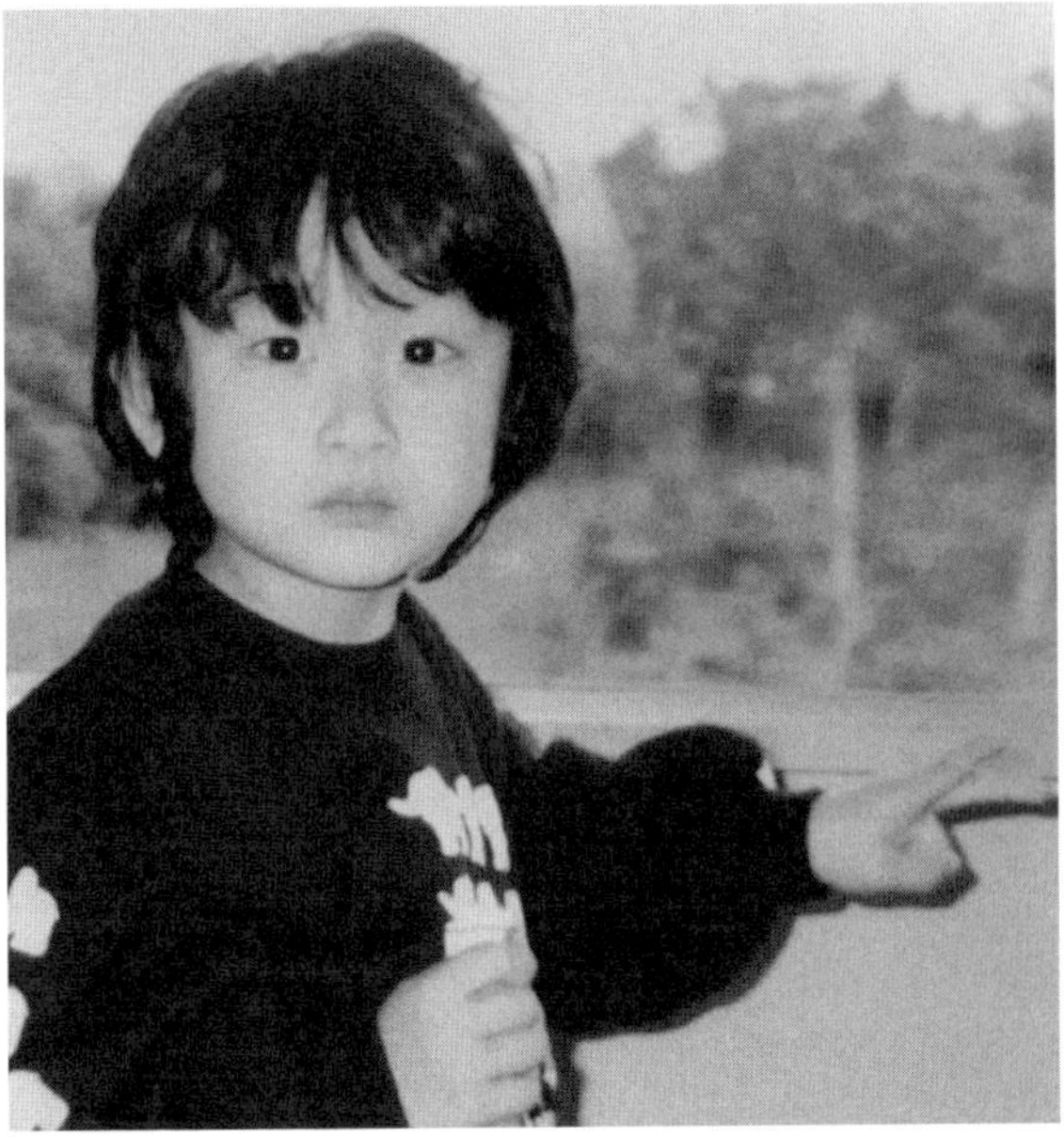

幼少期。このころにはもう地図ばかり見ていました。

路線図を描くのは小学校を卒業するくらいまで続き、地図を眺めるのは今でも日課。子どものころから日本中の地理がほぼ頭に入っていたので、これが気象予報士になったときにすごく役に立ちました。

大学も地理系の学科に進みましたが、地理が強いというのは、気象予報士にとって有利です。「○○線が大雪の影響で運休」や「○○山が初冠雪」というニュースになったとき、何県のどこにあるのかがパッとわかります。気象予報士の試験でも地理の強さがあってよかったですし、幼少期の僕に地図帳を買ってくれた両親に感謝ですね。

## ◉お遊戯会で「おてんきボーイズ」

今気象予報士をやっているのは運命だ! と思うエピソードがもう一つ。幼稚園のとき、お遊戯発表会で僕らが踊ったのが当時「ひらけ!ポンキッキ」(フジテレビ系)内のコーナーだったアニメ「おてんきボーイズ」のテーマでした。はれたん、あめたん、くもたんといった天気のキャラクターたちの日常を描いた短編アニメで、お遊戯会で僕はくもりのくもたん役。頭にくもりの天気マークを載せて踊りました。

子どもの頃から文化祭でステージに立ちたいとか、目立ちたいという気持ちはありませんでした。晴れでも雨でもない「くもたん」役を選んだのも、目立つことに興味がなかったから。でも、不思議と幼稚園くらいからなんとなくテレビが自分の仕事になるんだという感覚があり、お遊戯会以外にも鼓笛隊でやる小太鼓など、表現することが好きでした。

もっと後のことになりますが、テレビの裏側を見てみようと思い、20歳頃に芸能事務所に所属していたこともあります。その事務所では役者の修業、稽古を積むことができ、発声から始まって、セリフを覚えたり、パントマイムの練習をしたりしていました。どうしても自分の言葉で話したくなってしまって、与えられたセリフをしゃべるのが苦手、という、演じるには困った性格であることがわかりましたが……。特に発声は、このときの経験で基礎を学んでいたのでテレビの仕事をするときにとても役立ちました。今はセリフを丸暗記することはありませんが、自分の頭の中で〝物語〟を構成して、自分の言葉で伝えるということに、役者の勉強をしたことがとても役立っています。

## ◉スパルタ野球部時代

中学校に入って野球部に入部したことも、今思えば、気象予報士の仕事のためになった、と思えることがいくつかあります。

野球を始めるまでは野球中継には興味がなかったのですが、小学校5年生の頃から熱心に見はじめました。その年は巨人の上原浩治さん、西武の松坂大輔さんがデビューした年。両選手ともセ・リーグとパ・リーグで新人王を獲得する活躍ぶりで、僕も二人の活躍にすっかり夢中になったものでした。巨人ファンになった僕は、特に上原さんの顔の前でグラブを構えてサイン交換をする仕草や、しなやかな投球フォーム、2年目に使っていたザナックスの黄色のグラブにも憧れ、巨人の帽子をかぶって、上原さんの背番号19のリストバンドをつけていました。選手名鑑を買って選手を覚えるようになったのもこのころです。

すっかり野球に夢中になった僕は、中学に上がると野球部に入部します。上原さんと同じグラブがほしかったのですが、1年生が色のついているグラブを使っていると調子に乗っていると思われてしまう風潮があったので、ミズノ製の黒色のグラブ（上原選手も1年目はミズノのグラブを使っていましたから）を選びました。ポジションはもちろんピッチャー希望です。ところが、希望ポジションを伝えるときに「ピッチャー」と伝えたつもりだったのですが、セカンドに回ることになりました。僕は中学1年生のとき身長が138㎝とずいぶん小柄だったこともあり、そのためかもしれません。野球部では監督の言うことは絶対。監督の言うことには「はい！」しか言えない世界だったので、「いえ、ピッチャー希望です」と訂正できるはずもありませんでした。

こうして、僕の野球部生活は、ザナックスのグラブでもなく、ピッチャーでもない、憧れとはまったく違う形でスタートしました。

　中学校の野球部は練習時間が長いうえに休みがない、とても厳しいところでした。塁間のキャッチボールを100回連続ミスなしでできるまで続けたり、校舎の裏にある〝地獄坂〟と呼ばれる急勾配の坂道を吐きながら走ったりと、毎日厳しい練習の連続です。さらに僕の時代は水を自由に飲むことができませんでしたから、練習中の雨は、僕らにとっては恵みの雨でした。上を向いて降ってくる雨を飲み、水たまりになっているところにスライディングしたり、ノックのときに飛び込んだりして、こっそり泥水を飲む、ということもやっていたほどです。特に監督がノックのときに怒って、グラウンドのはるか彼方にボールを打って「取ってこい！」と言ったときはチャンス。ボールを探している振りをしてちょっと休めますから（笑）。

　体が小さいこともあり、試合に出る機会もあまりなく、出られるのは練習試合の2試合目など、控えが出る試合ばかりでした。さらに、僕は小さいのでチームのヘルメットのサイズが大きすぎて、ボールがよく見えないというハンデもありました。

かといって「ヘルメットがブカブカでボールが見えません」なんて言ったらますます試合に出してもらえなくなると思ったのでそれは黙っていて、どうしたかというと、打席に立ったらピッチャーが投げるボールの音を聞いて、投球の軌道を読んで打っていました（笑）。また、僕は足も小さかったので自分のサイズに合うスパイクがなく、あるとしても小学生用。それはさすがにカッコ悪いと思い、大きいサイズのスパイクに綿を詰めて履いていました。中学3年生のときは50ｍを6秒台で走っていましたから、足は速いほうです。その一番の武器である走力もサイズが合うスパイクがないために、まったく生かされませんでした。

また、ダンスでの苦労を書いた通り、僕はリズム感にやや難があるようです。試合前のウォーミングアップのときに左右にステップを踏む基礎練習があるのですが、そのステップがどうしても上手くできず、他校で練習試合をするときはチームメイトから「相手になめられるから小林はステップをするな！」と言われるほどでした（笑）。

結局、野球部ではレギュラーにはなれませんでした。それでも辞めずに続けられたのは、今でも仲のいい最高の仲間たちに恵まれたからだと思います。厳しいレギュラー争いはありましたが、他人を蹴落とすようなメンバーはおらず、むしろ、きつい練習のときはお互い励まし合い、仲間のヒットやファインプレーも全員で大きな声を出して盛り上げます。僕の遅めに出た初ヒットのときも、同級生、見に来てくれていた先輩方、監督、みんな自分ごとのように喜んでくれたのはすごくうれしかったですし、野球部時代の大切な思い出です。

僕の身長は中学3年時で148cm、高校卒業時で158cm。成長期がかなり遅かったようで、170cmを超えたのは20歳を過ぎてからでした。印象がだいぶ変わったこともあり、テレビに出ている僕を見た学生時代のクラスメートや担任の先生からは、「同姓同名の別人だと思ってた!」とよく言われます。

こうして、3年生になって引退するまで野球は続けていて、高校に入っても野球部に入部するつもりでした。控えでしたが野球への情熱は変わらず、引退後も受験

中学生のころ。友達より頭ひとつ小さかった。

が終わった3月には、高校に備えて後輩たちと一緒に練習に参加していたりしましたから。そこまでやっていたのに、高校では先述のような生活になってしまったのですが……。

野球部の厳しい練習を続けるうちに小学校まであった喘息も収まり、風邪も引かなくなるなど、体は強くなったと実感しています。それが現在のハードな生活に耐えられる体力の基礎になっているのではないでしょうか。

そしてなにより、野球を通して、状況や相手の心を読む力を身につけることができました。野球の試合では、打席に立つときにピッチャーが投げる球種を読んだり、相手の守備位置を確認したり、相手もこちらの読みを探ったりします。これが、番組中の掛け合いや、番組全体の進行を想像するときに役立つのです。

お天気コーナーのオンエア中、僕の頭の中には、解説をしている自分、次の展開を考えている自分、「あ、今言い間違えたな」とチェックしている自分など、7人くらいの僕がいて、客観的に自分を見ているような感覚になります。スタジオとの掛け合いで「相手がこうきたら、自分はこう返す」という想定を、数学の確率で習う樹形図のようなイメージで何パターンも瞬時に考えることができるのも、直前のコーナーで取り上げたことを天気コーナーにも取り入れて発信したりできるのも、この何人もの自分が次のことを考えたり、準備したりしているからなのです。野球では活躍できませんでしたが、野球のプレーを経験しておいたことは、僕にとっては後に気象予報士としての力になりました。

## ◉パニック障害に苦しむ

グレた高校時代から大学に入るまでのお話は第1章でしましたが、大学に入って「自分はダメなのか……」と悶々《もんもん》と過ごすようになったころ、だんだんと、電車に乗ったり、レストランなど外で食事をしようとすると、「お腹を壊したらどうしよう」「吐いたらどうしよう」という強迫観念に駆られるようになりました。

実際にそういう経験をしたことがあるわけではないのですが、吐いて周りに迷惑をかける情景が浮かんでものすごく緊張し、具合が悪くなる。その感覚を人に説明するのは難しいのですが、外で「どうしよう」と具合が悪くなったとき、頭の中に流れる音と映像まで決まっていました。今思えば幻聴や幻覚のような感覚です。昔、テレビのドキュメンタリー番組で、当時中日ドラゴンズの浅尾拓也投手が満塁のピンチを迎えている場面を見たことがあって、その試合の対戦相手だった広島東洋カープのチャンステーマが頭の中で流れ、浅尾選手の表情や姿がぐるぐる頭の中を回るんです。広島のチャンステーマは僕の〝ピンチテーマ〟になってしまい、しばらく広島戦が見られなくなりました。

僕の症状は、「会食恐怖症」や「外食恐怖症」と言われるもので、一般に「パニック障害」と言われる病気の症状だったようです。初めは病気だとは思っていませんでしたが、そういうことが積み重なっていき、さすがにおかしいな、と感じはじめました。病気かもしれない、と思ったのですが、病院で健康保険証を出したら、親の扶養に入っているので親に気づかれてしまい、心配をかけてしまうのでは……

と考えてしまって、病院には行けませんでした。

こうして、食事をするお店に行けなくなったほか、電車の急行や高速バスなど停車間隔の長い乗り物にも乗れなくなりました。幸いなことに大学は徒歩通学でしたが、そのほかの移動は時間がかかってもいいから各駅停車です。症状がひどいときは、「電車に乗ると息ができなくなるのではないか」という不安に駆られて、電車に乗っている間、ドアの隙間に張り付いていたこともあります。

苦しかったのは、友達からの誘いも、食事が絡むと断らなければいけなかったことです。ボウリングだけ、野球観戦だけなど、食事が絡まない遊びは行けるのですが、食事はできません。食事の時間が近くなると、予定があると言って先に帰ったりしていましたし、「○○を食べに行く」とか、飲み会の誘いは断っていました。家族で出かけるときなども「そろそろご飯を食べよう」というタイミングになると、決まってドキドキしました。

これが大学1年から気象予報士になって2年目くらいまで続いたので、友達や家族と出かけるときは、丸一日ではなく、ご飯の時間帯を外したり、外でご飯を食べるときも注文はドリンクだけにする、室内ではなくテラス席にする（いざとなったらすぐ外で吐くことができると思うと少し安心できた）という方法でなんとかしのいできました。

外食ができないことは、誰にも言っていませんでした。大学は少人数の学部でしたが、自己嫌悪で鬱々としていた僕は友達も積極的に作らず、サークルにも入らなかったので、飲み会の機会はありませんでした。学食での食事はできなかったので、授業の空き時間は家に帰ってひとりで家でパワプロなどゲームをする生活。人とご飯を食べずに生活していくことができたので、人に言う必要がなかった、という面もあります。大学の授業は、途中でトイレに行こうと思えば行けるというのが気持ちを楽にさせてくれ、授業中は大丈夫でした。

結局、病院に行って薬をもらうのは、大学を卒業して、就職してからのことです。その後、2年ほどして気づいたら、薬なしでも不安に駆られることなく過ごすことができるようになっていました。

　なぜパニック障害になってしまったのか。症状が出はじめた時期から考えると、大学受験の結果を自分で受け入れられず、極端に自分への自信や希望を失ってしまったことが、原因の一つなのではないかと思っています。

　大学時代を有意義に過ごせなかった、という後悔は、ずっと僕の中にあります。だからこそ、うまく使えなかった時間を取り戻したい。今、布団がない生活を続けているのは、仕事や勉強の活動時間を少しでも長くして、この時期にうまく使えなかった時間を巻き返したい、という思いもあるからです。そのためにはゆっくり寝ている時間がもったいなく思えてしまうのです。

　苦しい時期は続きましたが、今ではすっかり症状は出なくなり、病気を乗り越えたことで、人生観が大きく変わりました。辛いとか苦しいとか思うことがなくなり、仕事がとても忙しくても、パニック障害よりも辛いことはないだろうと思うことができます。また、自分の発するひと言や言動によって、人がどう思うのかをかなり慎重に考えるようになりました。例えば、食事の誘いを断られたときに、「いつなら予定空いてる？」と聞いたり、一緒に食事をしている人があまり食べないときに「体調悪いの？」「お腹いっぱいなの？」と声をかけたり。もしパニック障害に苦しんでいたときの僕がこれらを言われたら、辛い気持ちになっていたでしょう。言った側は親切心からだとしても、このような何気ないひと言が、人を追い込んでしまったり、苦しませてしまうことがある。いろいろな人がいて、他人からはわからない、想像できないような、なにかで苦しんでいる人もいるんだということがわかるようになりました。僕が、「日本一、思いやりのある気象予報士になりたい」と新人のころからずっと思い続けているのは、間違いなくこの経験があったからです。

ちなみに、講演など多くの人が集まる場所で話すとき、僕は最初に、「出入りは自由です。途中で飲み物も飲んでいいですし、楽にして聞いてください」と伝えています。司会の人が、講演中の出入りはご遠慮ください、と案内したとしてもです。集まってくださった人たちの中には、いろいろな人がいるはず。パニック障害を経験し、こんなふうに考えるようになりました。

パート2

# 決意の気象予報士受験

## ◉ずっと心に残っていた「気象予報士」

なぜ、気象予報士の試験を受けることにしたのか。理由はいくつかあります。一つは、「テレビ」「気象予報士」という存在が、頭から離れなかったから。大学では教員免許を取るべく準備をしていましたが、「なにかが違うのでは」という引っかかりがありました。幼少期からなんとなく、表に出るのか裏方なのかわからないけれど、「テレビ」が自分の仕事になる、という予感があり、中学生のときの「デマ事件」で知った「気象予報士」という仕事の存在も忘れられませんでした。実は大学1年生のとき「これ1冊で気象予報士試験に合格できる！」みたいな本を買って、最初の1ページで「これはダメだ」と諦めたことはあったのですが……。

もう一つの理由は、「なんとなく生きてきた俺の人生、これでいいのか」と思ったこと。一般企業の就職活動はせず、教員になって得意な地理を教えつつ、野球の指導者になろうと考えてはいたのですが、大学4年生の夏の教員採用試験には落ち、講師などの仕事を探さねばならない中、もう一度考えたとき、本当にこれで後悔しないだろうか、と。テレビの仕事をしている人なんて周りにいないし、気象予報士がかなりの難関資格であることは知っていました。だからこそ、人生で1回くらい、全力で、一生懸命頑張ってみてもいいんじゃないか、と思ったんです。大学4年生の終わりに、「人生をかけて気象予報士試験を受けよう」と決意しました。

僕の勉強方法は、ひたすら過去問です。とにかく過去問題を20回分くらい解きまくり、どうしても理解できないところだけ参考書を読み、なにが問われるのか、試験の傾向をつかみ、分析することを優先しました。大学を卒業してからの浪人生活で悠長に勉強していられず、とにかく効率重視。受からなくて教員になったときのために、ときどき壁当てやランニングなど野球のためのトレーニングはしていましたが、あとはひたすら勉強しました。

### ◉「試験は3回まで」と決めていた

初めて気象予報士試験を受けたのは、大学卒業後の2011年8月。記念すべき最初の試験会場は東京・駒場にある東京大学で、「落ちこぼれていた自分が東大に来れた！」と、なぜか興奮して写真をたくさん撮りましたね。

気象予報士の試験内容は、予報業務に関する一般知識、予報業務に関する専門知識、実技試験の3つに分かれています。一般知識、専門知識は15問ずつ出されるマークシートの試験。実技は例えば「この台風が弱まる原因を、海面温度に注目して30字以内で答えよ」のような内容の筆記問題です。1回目の受験で一般知識が合格で、専門知識と実技に落ちたとすると、2回目は合格した一般知識が免除されます。

1回目の試験のときは、実技試験はテレビに出ている気象予報士みたいにしゃべりながら解説するんだと思っていて、お天気キャスターがよく使う指示棒を持っていって、試験官に「使わないからしまっていいよ」と言われました（笑）。そんなですから当然のように、一般知識、専門知識、実技、全部落ちました。

気象予報士試験は1月と8月の年2回。僕は試験を受けるのは3回までと決めていました。そう決めて、自分を追い込むことにしたんです。2012年の1月、2回目の試験は一般知識と専門知識が受かりました。そうすると次の試験は一般と専門が免除され、残りの実技だけに合格すればいいので、次の2012年8月の3回目の試験が最後のチャンスです。これでダメなら茨城の地元で就職しようと思っていましたが、ハローワークで見た求人が「チェーンソー経験者のみ」という条件だったりして、自分に当てはまらないものがほとんど。これは絶対に気象予報士に受からないと、という危機感を強めました。

3回目の試験のときは自分を追い込みすぎたせいもあり、鼻血が出ているのに気づかず、歩いた廊下に血だまりができるくらい気合が入っていました。もともと、部屋から布団やカーテンがなくなった原因でもあるのですが、僕は鼻血が出やすい体質なんです。血だまりを見た女性の悲鳴で、僕は自分の鼻血に気づきました。あのとき、僕の鼻血で動揺させてしまったほかの受験者には大変申し訳ないと思っています……。

そして、3回目ですべての試験に合格しました。

気象予報士といっても実はいろいろな仕事があります。テレビの天気予報のほかにも、気象の影響を受ける事業を行う企業に所属している人もいます。テレビに出ている気象予報士の方も、芸能事務所に所属している方もいれば、僕の所属するウェザーマップのように、気象予報士専門の事務所に所属する人もいます。いずれにしろ、気象予報士試験に受かったからといって、すぐに気象予報士として働けるわけではなく、僕も、気象予報士が仕事にならなかったときのために、教員採用試験の勉強を続けていたくらいです。

気象予報士試験の合格後の2012年12月、履歴書を送っていたウェザーマップから、気象予報士として所属するためのオーディションに呼んでいただきました。最終面接は〝あの〟森田正光さん。森田さんはウェザーマップの創業者で当時は社長という立場。面接で「好きな映画はなに?」という質問に僕は迷わず「『トイ・ストーリー』です!」と答え、帰り道で「待てよ、好きな映画は『ツイスター』や『デイ・アフター・トゥモロー』なんかの気象系の作品を答えるべきだったのでは……ヤバい、終わった……」と激しく後悔しました。所属してから森田さんに「トイ・ストーリー」で後悔した話をしたところ、「生放送では即答することが大事だから、即答できていたのがよかった」と言っていただき、ひとつ、テレビの仕事の大切なことを教えていただきました。

こうして、2013年1月からウェザーマップ所属の気象予報士として働くことが決まりました。ここから、僕の怒濤の気象予報士人生がスタートします。

パート3

# 気象予報士としての修業を積む

## ●合格したはいいけれど

気象予報士としての最初の仕事は、テレビ局に行き、週に1回、朝の番組のサポートをするというもので、全然お金にならなかったのは第1章でお話しした通りです。幸いなことにその後は1年目から仕事に恵まれ、あっという間に2年が過ぎていきました。

現場でいろいろな失敗をしながら学んでいった時期ではありますが、当時の映像を見ると、顔つきが今と全然違うことに気づきます。今思えば、あのころは「この業界で絶対に生き残ってやるんだ！」という思いが強くて、それが目つきに出ているんです。今では、我ながらずいぶん柔和な顔つきになりました（笑）。顔つきが変わってきたのは、気象予報士として活動していくなかで、「思いやり」が大事だ、という思いがどんどん強くなってきて、それが顔に出てきたのかな、と自分では分析しています。

２０１４年、気象予報士として働きはじめて2年目の秋に、会社から「地方に行ってみないか」と打診されました。「地方からの目線で天気を見るのも勉強になる」と言われ、関西テレビのオーディションを受けることになりました。「駅前にハンバーガーショップが3つもあるからいいじゃないか」と言われ、ハンバーガーが主食の僕も、たしかにいいな、と（笑）。オーディションで「好きなプロ野球の球団は？」と聞かれ、「巨人です」とここでも正直に答えてしまい、またしても帰り道で後悔しましたが、無事に合格。こうして２０１５年4月から3年間の関西生活が始まります。

ところで、大学時代に発症したパニック障害は、社会人になってもまだ治ることはありませんでした。このことは会社の人をはじめ、誰にも言わず、病院へもかかっていませんでした。転機となったのはウェザーマップ1年目のこと。会社の大先輩、森田正光さんが出演する朝のラジオが終わった後、森田さんを囲んでウェザーマップのみんなでカレーを食べるという社内の伝統の会に誘っていただきました。

普通だったら喜ぶお誘いですが、僕は「マジか……」と頭を抱えました。外のお店での食事は嫌だ。しかも、自分はオンエア前。「ご飯のことが不安すぎて、オンエアの準備（予報作業）に集中できない、ご飯を食べることによって体調を崩してしまったら出演できないかも……どうしよう……」でも、せっかく気象予報士になってウェザーマップに入ったんだし、「カレーの会に行きたくない」で辞めるわけにはいかない。もう、この状況だと仕事もできないと思い、ようやく近所の心療内科に行く決心をしたんです。

病院では不安を抑える薬をもらいました。僕は外食時のパニック症状に悩んでい

新人気象予報士のころ。今と目つきが違いますね。

たので、最初は、外での飲食前に薬を飲むことになりました。薬を飲んでいれば外食ができるようになったら、次の段階では、薬を飲まずに外食に挑戦します。そのときは、症状が出たときのために、薬は持ち歩き、症状が出そうだな、と感じたら飲むようにしていました。

そうしているうちに、薬はお守り代わりに持ち歩くだけで平気になり、ついに持ち歩かなくても平気になったのです。ここまでに2〜3年かかりましたが、それ以降は、外で強い不安やパニックになることはなくなりました。

思えば、社会人3年目で大阪に行って環境が変わったのも好影響でした。大阪で新しい病院を探すのが面倒くさかったので、残っている薬をいざというときのために取っておいたら、薬を飲まなくても大丈夫という成功体験が増え、そのこともあって症状が改善したように思います。

ちなみに、外でお酒を飲む、ということができるようになったのも、関西時代です。大学時代は、飲み会に行けないので一切お酒を飲まず、気象予報士になってからも、パニック障害の薬を飲んでいる間は、お酒は飲みませんでした。テレビ局の人は仕事の時間が人によってまちまちなので、普通の会社ではあるような、会社のみんなが集まる飲み会という機会がなかったのは、外食ができない僕にはラッキーだったかもしれません。僕が飲み会でお酒を飲む楽しみを知ったのは27～28歳のころ。今ではお酒も大好きです。

## ◉関西でみっちり修業

関西行きが決まった当初は、不安もありました。「この業界で絶対に生き残ってやるんだ！」という強い気持ちで毎日を過ごし、仕事も順調にいただいていたわけですが、今しているすべての仕事をお断りしてまで行ってもいいのか、自分の戻る席はなくなるけどいいのか、自分の今後の気象予報士人生はどうなってしまうのか……。加えて、それまで関東から出たことがないので、関西は土地勘もありません。でも結果的に、関西時代は、気象予報士としてのベースを作る、いわば修業の時期となりました。

東京での仕事は早朝から深夜まで、いろいろな時間の番組に出演して、ロケに行ったり、泊まりがあったりという生活でしたが、関西テレビでは、真逆の会社員的な生活。僕が出演するのは「FNNスピーク」という、お昼の番組だったためです。朝8～9時ころにテレビ局に行って、番組に出演して、夜8時には帰宅。関西テレビではウェザーマップの先輩、片平敦《あつし》さんも夕方の番組に出演していて、片平さんのサポートもしていました。

片平さんは関西では誰もが知っている気象予報士で、本当に天気に詳しい方。僕はサポート役でついていましたが、この経験が、ものすごく勉強になりました。片平さんはすごく優しくて、天気図の見方をはじめ、天気に関するあらゆることを教えていただいたんです。僕は仕事を始めたときから今も毎日、天気のノートをつけていますが、片平さんのノートを見たときに「片平さんがこれだけやっているんだから、僕は同じかそれ以上やらなければいけない」と思い、よりいっそう、ていねいにノートをつけて復習するようになりました。関西での3年間は腰を据えてみっちり天気の修業をした、僕の天気予報のベースになった期間と言っても過言ではありません。

茨城県育ちで、初めて関東を出た僕にとって、関西は文化が全然違って新鮮でした。関西テレビの近くに住んでいたので、仕事が終わった後、大阪城までランニングをしていると、通りすがりのまったく知らない人から「ラストスパート！」と声をかけられたりしました。家から出たばかりなのにもうラストスパートかよ！って（笑）。あと、ランナーの方からいきなり「勝負や！」と言われ一緒に走ったことも。しばらく並走していたのですが、僕のほうが先に力つきて。でも、疲れて遅れたと思われたくないので、一句浮かんだフリをして立ち止まるなどして、負けず嫌いを発揮しました。どんな発揮の仕方やねん（笑）。ほかにも「今日、阪神勝った？」と本当によく聞かれましたね。阪神タイガースの話は、大阪だと天気の話のような感覚なんだなぁと思います。

関西テレビに赴任した当初は、関東の言葉で話す僕はそっけない印象を与えていたようで、関西テレビの皆さんと打ち解けるのに少し時間がかかりましたが、半年経って局内の同世代の人たちと飲みに行って、そこからようやく僕も関西生活が楽しくなってきました。たまたま、僕が関西にいるのと同時期に中学校の同級生も転勤で大阪で暮らしていたので、甲子園球場に野球観戦に行ったり、四国旅行をしたりと、関西での生活を満喫しました。土日は休み、仕事が終わったら大阪城まで走りに行って、帰って〝マクド〟を食べて、午前1時に寝て、朝7時に起きて、土日は友達と遊びに行く、ときには少し足を延ばして関西 - 四国エリアを観光するなど、今の生活からは想像もつかないほど、まっとう（？）な生活を送っていました。

## ◉30歳の覚悟

関西時代はとても楽しく、充実していましたが、3年が経って、東京へ戻ることを決めました。いずれは地元の関東に戻って家族に恩返ししたいという気持ちがあり、東京へ戻ってきたのは2018年4月のこと。ふたたび東京で、ゼロからのスタートです。

第1章で書いたように、仕事のない僕をなんとかしなければ、と会社も動いてくれ、たくさんの仕事をいただきましたが、毎日同じ番組に携わる、いわゆるレギュラーの仕事はありませんでした。オーディションで合格をいただき、3年間も使っていただいていた関西テレビから、自ら身を引いて東京に戻ってきたのだから、ちゃんと番組に出て、片平さんをはじめ関西テレビのみなさんに成長した姿を見せ続けないと申し訳ないという思いがあり、「この1年間で、地上波の番組のレギュラーを取れなかったら、翌年に辞めよう」と覚悟を決めました。自分を追い込まないと、このままずるずると行ってしまう。頑張って、それでも成果が出なかったら、生活のために違う業界に移ることも考えなくてはいけない、その決断をするなら30歳の今が最後かもしれない、とも思っていました。

2018年は多忙な年でしたが、この覚悟があったので、後悔しないように、がむしゃらに貪欲に働き、多くのことを学んだ年になりました。

現在も出演している「ZIP!」のオーディションを受けたのは2019年1月のこと。書類審査と天気予報の実演による審査が通り、最後は日本テレビのスタジオで、当時「ZIP!」の総合司会だったアナウンサーの桝太一さんとネタで掛け合いをする実技でした。僕が選んだテーマは〝貝寄せの風〟。春先に吹く強い風によって起こる波に乗り、浜辺にたくさんの貝殻が打ち上げられることがあります。この風を貝寄風《かいよせ》と呼ぶ地域があります。関東地方も、春は日本海を発達しながら進む低気圧の影響で、南風が強まることがあります。実は僕、桜貝という桜色（薄いピンク色）をしたかわいい貝が大好きで、南風が強まるタイミングを見計らって神奈川県鎌倉市の由比《ゆい》ヶ浜《はま》に拾いに行くくらい好きなのです。時期的にもちょうどいいし、貝寄風のネタを披露しようと考えました。これをわかりやすく解説しようと考え、30秒という限られた時間でインパクトを残すため、画用紙を切って低気圧や風を表す矢印を作り、そこにクリップをつなげ、その先に桜貝の写真を吊るして南

「ZIP!」出演1年目。いつもの体重マイナス15kgで座るとお尻が痛かったころ。

から上がってくる様子を再現しました。当時は知らなかったのですが、桝さんは大学院でアサリの研究をしていたようで、貝の話でとても盛り上がりました。

## ◉僕の「運命」論

オーディションを経て、2019年2月、「ZIP!」のお天気キャスターを務めることが決まり、2019年4月から現在に至るまで4年間、レギュラーを務めさせていただいています。

パニック障害を経験し、外食もできず、ひどいときは電車に乗ることも難しかった僕ですが、新人時代から、カメラの前に立つときに、「吐きそう」「お腹が痛い」「帰りたい」というような緊張を感じることは不思議とありませんでした。もちろん、1年目のときに出演した「ひるおび」ではガチガチに緊張してはいるのですが、具合が悪くなるような、悪い緊張ではありませんでしたし、その後も、そういう種類の「緊張」はしません。

カメラの前に立つことや、人前で話すことが不思議と自然にできるのは、気象予報士になってテレビの仕事をすることが運命だったから——僕はそう思っていま す。なんの根拠もないけれど、子どものころから思っていた「テレビの仕事をする」という予感、中学生のころからずっと心にあった「気象予報士」という仕事のために、一生に一度の努力をすることは無駄じゃなかったと、大学4年生の僕に、それからオーディションよりバイトの面接を優先させようとしていた新人時代の僕に教えてあげたいです。

# 第三章 おせっかいな気象予報士

パート1

# 昼夜なし、休みもなし

## ◉毎日の活動時間、20時間？

第1章で、布団がないとかカーテンのない部屋に住んでいるとか書きましたが、ここで、僕の生活リズムを説明しましょう。2023年現在、「ZIP!」の月～水曜日の放送に出演していますが、ときどき、「1日3時間・週3日しか働いていないのではないか」と思われていることがあります。でも実は、意外と（？）働いています。

【1日の流れ】

午前0時　起床。起きたらまずはストレッチと筋トレ。働く時間が長いのと、生放送なので走ったり、仕草で台風の大きさを表したりするので、意外と体力も必要なのが気象予報士です。以前、強い風を表そうと「南風が！」と大きなアクションをしたら肩を脱臼したことがあり、それ以来、準備運動を毎日1時間かけて念入りにやっています。終わったら寝癖を直して、天気図を軽くチェックして、準備完了。番組で着ている服は上着からシャツ、靴下まで全部衣装なので、服選びは不要です。

午前1時30分　局へ出発。

午前2時～3時　局内の「気象センター」で、天気図・資料を見て、その日の天気を予報する作業。

午前3時～4時　打ち合わせ、番組で使うCG図の発注・チェック・修正、メイクや着替え。

午前4時～5時20分　打ち合わせ、発注したCGのチェック。

午前5時20分〜30分　マーシュ彩さんと最初の天気コーナーのリハーサル。
午前5時30分〜50分　スタジオでスタンバイ（マイクをつける、外の天気の状況を確認）。
午前5時50分〜9時　本番。

テレビ局に着いてから放送までの時間は、予報、打ち合わせ、番組内で使う映像などの準備で慌ただしく過ぎていきます。その中で僕が毎日やっているのは、「メイクさんと天気の話をすること」。メイクさんは、天気のプロではない普通の人です。なので、テレビの前の一般の方の代表として、自分のしている説明がわかりづらくないか、また、最近のお天気についてどんな感覚でいるかなど、話しながら確認するようにしています。

自分の年齢が上がるとともに、自分より若い人と仕事をする機会も増えていき、今では、「ＺＩＰ！」のお天気班のスタッフさんは全員が僕より年下になりました。

「ZIP!」では年上かつ出演者ということもあり、最初は気を遣われている雰囲気を感じて、それからは僕自身が、話しかけやすい雰囲気でいること、チーム全体が、話したいことを話せる雰囲気であることを大切にしています。

これは、中学生のときの野球部の経験から考えたことなのですが、野球部では監督の言うことは絶対、監督に意見を言ったり話しかけるなんて、考えられませんでした。このような緊張した空気の中では、サインミスが起きたり、のびのびとプレーができません。

これと同じで、チームが言いたいことが言えないような雰囲気になってしまって、オンエア前に不安な点があっても確認しづらいようなことがあれば、放送でのミスにつながりかねません。僕の天気解説も、わかりづらいところがあれば気軽に言ってもらったほうが、絶対にわかりやすい、いい解説になります。こうして、今では「ZIP!」のお天気班はみんなが話したいことを話せる環境になってきていて、いつもスタッフの皆さんに助けていただいています。

野球の大谷翔平選手は二刀流で有名ですが、気象予報士の仕事はいわば四刀流。出演、脚本（＝話す内容や図を考える）、ディレクション（＝共演者との役割分担など）、監督（＝天気コーナー全体を俯瞰する）、すべてを自分でこなさなくてはいけません。その日の天気は、一つの物語です。自分の描いた天気の物語を、短編物語にするか、長編物語にするか、放送でしゃべりながら、頭の中で考えています。

ちなみに、本番の原稿はありません。事前に1週間の天気の流れ、傾向がわかっているので必要ない、というのが一つ。それに生放送なので前のコーナーのトークが押すことがあったりして、尺が直前で変わることも多いんです。CM中に「天気、○秒ね」という指示があるのが当たり前。原稿があると、どこを削除しようかなと考える時間がもったいないので、しゃべりながら臨機応変に対応します。天気は常に動いていますから、天気解説中に最新の雨雲レーダーを見て、現在の状況を知るなんてこともザラです。番組前の予報作業や情報収集はもちろん欠かせませんが、番組の本番中も、自分の出番直前まで最新の情報を確認し、より新鮮な情報を解説に反映させるようにしています。

午前9時　放送終了。反省会。その後、午前11時ごろまで翌日の放送の構成作り。

午前11時以降　ほかの番組の収録やロケ、コラムの執筆、講演会やその準備、ウェザーマップの新人さんの研修、オンラインで翌日の放送の打ち合わせなど。常に翌日の天気は気にかけつつ。

夕方　食事。帰宅してから自炊かハンバーガー。食事はこの1回だけのことが多い。復習、読書。

午後9時ごろ　就寝。3時間寝られればよし。床で寝ているので、寝すぎる心配はありません。

以上が、番組に出ている月〜水曜日のスケジュールですが、出演がない木〜金曜日も同じ時間に起きて、くぼてんきさんに情報をお伝えしたり、警報が出たときの字幕スーパーを作ったり、天気のニュース原稿を書いたりしています。だから月〜金曜日の1日のリズムは同じです。基本的に土曜日はオフですが、講演会を入れたりしているので、なんだかんだ仕事をしています。日曜日は月曜日の打ち合わせや準備があり、結局、1週間毎日、ずっと天気のことを考えています。

今は、PCやスマホで、いつでもレーダーを見ることができて天気の動きを確認できるので、天気が動いているのに寝るのはもったいない気がしてしまうのも、睡眠時間が短い理由の一つです。「空いている時間はなにをしていますか?」と聞かれることもありますが、全部「天気」ですね。

昔は家にゲーム機がありましたが、今は使う時間がないので、家からなくなりました。それでも、高校時代に一生分と言えるほど遊んだし、大学時代はパニック障害が原因で思うように時間を有効活用できなかったので、今は、遊ぶ時間はいらないから、持てる時間をめいっぱい天気に使って、無駄にした時間を取り戻したい気持ちが強いんです。

気象予報士になってからずっとつけている天気のノート。その数100冊以上。

## ◉天気予報以外の仕事は発見がいっぱい

現在、テレビ番組の天気予報の仕事を毎日していますが、そのほかに、企業や学校向けの講演会やイベントでお話しする機会があります。お題は、天気や防災のことはもちろん、伝え方、人生や進路のことなど様々で、テレビと違って直接みなさんにお会いして長時間お話しできるので、うれしいですね。

実は講演を始めた最初のころは専門的な言葉ばかり使ってしまっていて、質疑応答のときなどに「ここがわからなかった」という声をいただくことがありました。直接感想をいただける講演会は、僕をぐんぐん成長させてくれ、その後は、より一般の方の目線で言葉選びをするよう心がけるようになりました。参加者の方からの質問でドキッとすることもあります。ウェザーマップで行う子ども向けのイベントでは、面白い質問が多く「台風は風と雨、どっちが先に発生するの?」という質問をされたときは、考えこんでしまいました。ちなみに、そこで僕が出した答えは「風が先」。「台風は、暖かい海の上で風が集まることで雲ができて、雲がいっぱい集まると大雨を降らせる台風になるんだよ」と伝えました。気象予報士の僕でも考えていなかったことがまだまだたくさんあるということを、講演会やお天気教室で教えてもらっています。

テレビ番組では、情報番組や報道番組以外にもバラエティ番組に出させていただく機会も多くなりました。バラエティ番組の場合は天気予報と違って、事前に準備することはありません。芸人さんではないので、笑いを取りに行くポジションでもありませんし。僕が意識していることといえば、日常で雑談するような自然体のテンションで収録に臨むこと、くらいでしょうか。

初めて出演したバラエティ番組は「踊る！さんま御殿!!」(日本テレビ系)でしたが、このときにアクシデントがありました。収録開始の前にスタッフさんが呼びに来てくださると僕、勝手に思いこんでいて。そうしたらいよいよ収録開始時間になってしまったので、スタジオに向かったら、その途中で、長田プロデューサー（第

4章参照）が走ってこられて「早く！　さんまさんが待っているから！」と。初めてのバラエティ番組で、明石家さんまさんを待たせるという暴挙をしてしまった上、冷や汗だくだくで収録に臨むはめになりました……。

「踊る！さんま御殿!!」では、アピールしてしゃべって爪痕を残そうなどとは思わず「さんまさんとお会いできるのはこれっきりになるだろうから、ちゃんと顔を見ておこう」となかばスタジオ観覧の気分で座っていました。ところが後から聞いた話によると、さんまさんは、自分をじっと見てくる人は「自信があるから指名してください！」というサインと取るらしく、僕に話をすごく振ってくれたのです。僕が布団を捨てたエピソードを披露したら、そこから話を広げてくれて「なんかヤバいやつだな」という印象を持ってくれたようで、まさかの「踊る！ヒット賞」をいただき、その後、もう一度、スペシャルにも呼んでいただきました。

「ZIP！」のお天気コーナーは、スタジオのアナウンサーやパーソナリティーの方々と話すこともあり、普通の天気予報よりも番組出演者との掛け合いが多いのが特徴ですが、バラエティ番組でも「ZIP！」の掛け合いでも、僕は事前に会話を想定をしたりガチガチに考えるようなことはしないようにしています。これは、「こうくるかな」と事前に考えていると、いざ違う掛け合いが発生したときにあたふたしてしまうからです。バラエティ番組ではなるべく自然体で、自分にとっては当たり前のことを、大げさにせず、淡々と話すようにしています。そうすると、さんまさんや「ひるおび」のときの恵俊彰さんのように、司会の方が面白いことを引き出してくれるので、あとは委ねるのみ。司会の方はもちろん、タレントさんや芸人さんなど、トーク上手な方を間近で見るのは、とても勉強になります。

パート2

# 唯一無二の気象予報士になる

## ◉小林流、伝え方のルール

僕が天気を伝えるときに意識していることは、人の心に響き、耳に残るように伝えることです。天気予報は命を守る行動につながりますから、朝の忙しい時間帯にどうしたら耳を傾けてもらえるかをずっと考えてきました。

大きなヒントになったのは、家電量販店や大型雑貨店でやっている、店頭実演販売です。僕は、店頭実演販売を見かけると、どんな商品でも、時間を忘れるほど真剣に話を聞いてしまいます。メモを取ったりもしているので、販売員さんから商品に興味があると思われて、いろいろなモノを買わされそうになることも……。店頭実演販売を自分なりに分析した結果、「結論」、「共感（そうそう）」、「解決（そうなんだ）」、「お得情報（へ～、知らなかった！）」の4つの要素に分けられることに気づきました。

エアコン販売の例を挙げてみます。まず、「このエアコンを使えば快適になります」と結論を話します。続いて、「最近、猛暑が続いていますよね」と語りかけることで「そうそう」と共感してもらう。そして、「従来のエアコンに比べて省エネ運転、しかも人感センサーつき。掃除も楽ちん！」とお悩みが解決することを話す。さらに、「20万円のところ、今なら10万円！　しかも、取付費無料！」とお得感を出す。いかがでしょう。皆さんも店頭実演販売やテレビショッピングでよく聞いたことのある流れではないでしょうか。ついつい購買意欲をかきたてられてしまう話の構成になっていますよね。

これを天気の解説に活かしているのが僕の解説です。先ほどの店頭実演販売の例と同様に、暑さが気になる夏の天気解説をしてみましょう。

まず、「猛烈な暑さがおさまる」という結論を伝えます。続いて、「最近、猛暑が続いていますよね」と、視聴者の皆さんが最近感じているであろうことを語りかけて、「そうそう」と共感してもらいます。続いて、「明日から台風が接近して雨が降るので、暑さが和らぎます」と、「いつになったら暑さが収まるの？」という疑問やお悩みを解決します。さらに、それだけでなく、解説を聞いて得したと思われる情報も入れたいので、「今回の台風は日本海を北上する、日本を大回りするコースになるので、台風一過の青空になりにくいんですよ」という、「へ〜、知らなかった！」、「聞いて得した」という情報を付け加えます。ちなみに、どういうことかというと、台風は低気圧の一種で反時計回りに風が吹くので、日本海を北上するコースになると日本付近は南風が吹き、海から湿った空気が入ってくるため雨雲が発生しやすくなります。すると、台風一過の安定した青空にはならず、晴れていても突然雷雨になるような、不安定な天気になるのです。一方、台風が日本の東に抜けるコースだと、日本付近は北風や西風が吹き、乾いた空気が入ってくるので、台風一過の安定した青空、秋であれば爽やかな秋晴れになります。

台風が遠ざかると台風一過の青空が広がるとお思いの方が多いので、この台風のルートの話をすると「初めて知った！」と言っていただけることも多いです。こういう雑学のような、知ってちょっと得したと思われるような情報を伝えることも大切にしています。また、台風のあとは天気が急変して雷雨になることもあるので、聞いて得したと思うような話を入れて最後まで聞いてもらうことは、注意喚起にもつながります。

店頭実演販売と天気予報は、モノを売るのと天気を伝えるのとで目的は違うように見えますが、こちらの話を聞いてもらいたい、というのは同じ。その点では、会社でプレゼンをするのにも、学校の先生が生徒にお話をするのにも、この「伝え方」は使えると思います。実際に僕も、企業や学校にお声がけいただいた「伝え方」がテーマの講演会で、この話をしています。

ほかにも天気解説中に、印象に残る諺《ことわざ》を使うこともあります。例えば天気カメラを見ながら「虹が出ていますね。『朝虹《あさにじ》は雨』という言葉があります。朝に虹が出ているということは、東から昇る太陽とは反対側の西の方角に雨雲があるということ。天気は西から変わるので、雨雲がやってくる前兆現象。あと数十分後には雨が降ってくるかもしれませんよ」と、ひと言添えるだけで、「朝のうちに雨が降るでしょう」と言われるより印象に残ります。逆に「夕虹《ゆうにじ》は晴れ」という言葉もあって、こちらは、西側に雨雲がないことを意味します。夕立の後、東の空に虹が出るのは、雨雲が東に去っていった証拠です。古くからある諺の中には、天気にまつわるものも多く、その原理を科学的に解説できるものがたくさんあります。このように、見ている人の印象に残ることを意識して言葉を選んだりするのは、知識や経験が生きるものでもあり、いい表現が見つかると、解説する僕も楽しいものです。

と、ここまで「伝え方」の方法をお話ししましたが、技術的なこと以上に、常に心がけているのは〝思いやり〟です。僕は「日本一、思いやりのある気象予報士」

を目指しているわけですが、今は「ZIP！」で全国ネットと関東ローカルの天気予報をやっており、予報をするときは各地の空を想像するようにしています。「各地の空を想像する」というのは、空の様子を天気図やレーダーで把握した後、「みなさんは今日、なにをするんだろう。天気がいいから洗濯物を干すのかな。風が強いからしっかり留めたほうがいいとアドバイスしたほうがいいな。傘は持っていったほうがいいかな？　一時的な雨だから折り畳み傘？　でも風が強いから大きい傘のほうがいいかな」という、そこで生活する人の1日を想像する、ということです。

想像したときの気持ちは、そのままオンエアに乗ります。いい天気であれば、明るいトーンで話すでしょう。天気が荒れるのであれば、心の底から注意を呼びかけるでしょう。ときには、強い口調になることもあるかもしれません。また、テレビなので、「言葉だけでなく表情で訴えることも必要だと思っています。「目は口ほどに物を言う」という言葉もありますが、横のモニターを見ながら「ご注意ください」と言っても、こちらの気持ちは伝わりません。「ご注意ください」は、必ずカメラを見るようにして、レンズの向こう側にいる多くの視聴者さんに呼びかけるように話すようにしています。

ときどき、実家にかかってくる営業の電話で明らかに原稿を読んでいるような口調だと、「淡々と原稿を読むだけでは相手に伝わりませんよ」とこちらからお話したくなってしまうのですが（笑）、気持ちが大切なのは、どんな相手に向かって話すときでも同じですよね。

今にして思うのですが、グレて落ちこぼれになった高校時代に後悔はありません。むしろ、高校時代に遊んでいて〝勉強をしてこなかった自分〟だからこそ、「わかりやすい解説」ができるはず、と思えるようになりました。例えば、気象予報士が当たり前のように使う「偏西風」という言葉も、視聴者から「よくわからない」という声をいただいて、ハッとさせられたことがあります。一般の人は、気象の専門的なことや、科学的な部分はわかりません。見ている人を置き去りにしないためにも、高校時代、赤点・補習ばかりだった自分にもわかるような解説を心がけたいと思っています。

今はネットですぐ天気を調べられる時代です。明日が晴れか雨か、気温が何度かは、検索したり、天気予報アプリを見ればすぐわかりますよね。しかも、僕が出ている「ZIP!」は、慌ただしい朝の放送なので、じっくりテレビを見ているという人は少ないでしょう。だからこそ、ここに書いたような「伝え方」で、天気の話に「おっ？」と耳を傾けてもらえたらと思います。

## ◉生きるために「自信」を持つ

生きるうえで僕が大切にしていること。それは「自信」です。グレて落ちこぼれとなった高校時代の口癖は「どうせ」。「どうせ勉強なんかしたって意味ない」「どうせテストはビリ」「どうせ俺なんかろくな人間になれない」。勉強していないのだから、できないのは当然のこと。なのに、「自分はなにをやってもできない人間なんだ」と思いこんでいたんですよね。そんな思考だから大学受験も失敗。高校時代の過ごし方への後悔や自分への情けなさが積もりに積もって、「俺はダメな人間、俺はダメな人間……」と、悪い自己暗示をかけているような状態になり、パニック障害に。完全に自分への自信を喪失していました。

あの苦しさはもう二度と経験したくない。これからの人生で同じ経験をしないためには、どうしたらいいだろう？　そう考えた僕は、「自信」を持とう、と思いはじめました。気象予報士になって少し経ったころのことです。

そうして僕は、自信を持って仕事をする、と決めました。「当たり前のことを当たり前にこなす」、これが僕の思う「プロ」の姿なのですが、自分をそのレベルまで持っていくために、日々の復習や勉強に無我夢中で取り組んできました。その結果、ミニマリストと呼ばれる生活にもなったのですが、辛さはありません。むしろ、「明日はどれくらいレベルアップした自分になっているんだろう」と、毎日ワクワクしながら過ごしています。

自信を持てるようになったことでたくさんのいい変化がおこりました。まずは、人前に立ったときのパフォーマンスが変わりました。天気の解説は、自信がなければ表情や声質、口調にもろに出ます。僕もまだまだではありますが、新人の自信がないころのおどおどとした表情や弱々しい声は改善され、「わからないことを聞かれたらどうしよう」という心配もほとんどしなくなりました。

また、自信があることによって気持ちに余裕が生まれ、視野が広くなったと思います。自信がなかったころの僕は、気持ちに余裕がなくて、自分のことばかり考えていました。「僕が全然食べないことをみんなどう思っているのだろう」、「ここで吐いてしまったらみんなの注目の的になる」と考えては苦しくなりました。パニック障害だったときは、周囲の人はそんなに僕のことなんか気にしていないのに。仕事を始めた新人のときは「これとあれを喋らないと！」と、毎日、自分のことだけで精一杯でした。

今は、自分の仕事である天気のことには自信があるので、スタッフさんの動きや番組の進行など、視野を広げて周囲を見る余裕があり、予想外のことが起きても動じません。尺が大幅に変わろうが、予定外の時間に急に天気コーナーが発生しようが、事前にあれこれ決めなくても、自分が心から伝えたいと思っていることがスッと言葉として出てくる自信があるからです。解説中でもスタッフさんのちょっとした目の動きを察知して、「なにかトラブルが起きているのかもしれない、尺がのびるかな?」と考えたり、出番の直前でも、前のコーナーを見ておいて、そこで話していたことを天気コーナーで取り入れるなど、臨機応変な解説もできるようになりました。

自信とは「自」分を「信」じると書きますが、自分を信じられるようになると、他の人からも「信」じてもらえるようになると思います。勉強や復習を積み重ねてきた自分を信じて、堂々と解説をすれば、一緒に番組を作っている仲間や視聴者の皆さんから信じてもらえるようになる。そしてそれは、命を守る天気予報につながります。

普段はニヤニヤしながらくだらないことばかりしゃべっている僕ですが、仕事となると人が変わったかのように自信満々にしゃべっているはず。もしかすると、周囲の人から、自信過剰、横柄、偉そう、などと思われることもあるかもしれません。本当は僕だって、いつでも「いい人」と思われる存在になりたい。でも、僕が僕を維持するためには、生きていくためには、仕方のないこと。「自分に自信を持ち続けること」は、僕がたどりついた自分なりのメンタルコントロール術なのです。

もし今、「自分はどうせ…」「自分ってダメな人間だ…」と思っている人がいたら、仕事や勉強に限らず、部活でもゲームでもなんでもいいので、なにか一つ、無我夢中で取り組めるものを見つけて、それを続けてみてはどうでしょうか。夢中になるものを見つけることができたら、少しずつ何かが変わっていくはずです。

## ◉特別な才能はないけれど

僕は、天気予報は人の命や人生を左右する力を持っていると思っています。天気予報で僕が発するひと言ひと言が、その日、その人の行動に影響を与えます。例えば台風が発生していたとして、その台風を僕が「そんなに荒れません」と言ったことで、帰省や旅行をしたりして、その先で暴風雨に巻き込まれて命を落としたとしたら、それは僕の責任です。部活やスポーツでも、僕の天気予報がハズレて延期になったりすることで調子を落としたり、モチベーションを落としたりすることもあると思いますし、場合によってはそれが人生を左右することになるかもしれない。

天気予報をしていると「当たりましたね」「ハズレましたね」とよく言われますが、当たりハズレで一喜一憂しているようではいけません。当たりハズレが問題なのではなくて、自分の予報で命を守れるのか、が問題なのですから。特に最近は大規模な自然災害も増えています。お医者さんやレスキュー隊の方は直接命を救うお仕事だけれど、僕らも間接的に命を救う職業だと思っています。気象予報士である自分が、思いやりのある天気解説をすることは、命を守ることにつながる。そういう形で、他人の生活や人生に関わることもあるのが気象予報士です。

「この人のようになりたいな、という気象予報士の方はいますか？」と聞かれることがあります。先輩の気象予報士の方々には、多くのことを教わって感謝し尊敬はしていますが、「この人のように」と思う気象予報士の方はいません。「守破離《しゅはり》」という言葉を聞いたことがあるでしょうか。もともとは剣道や茶道などの修業の段階を表す言葉だそうですが、この「守破離」を僕流に説明するなら、「守」は先輩たちの模倣。「破」はいいとこどり。「離」は自分独自のものとして形にすること、です。

最初は先輩たちの模倣をするのは、どんな分野でも同じでしょう。例えば、野球でも最初に模倣から入ることはよくありますよね。僕もそうですが、王貞治さんや落合博満さん、イチローさん、野茂英雄さんのような、特徴的なかっこいいフォームを真似してみたことがある人は多いでしょう。でも、それは誰にでも合うものではありません。最初は模倣から入ったとしても、その後ほかの選手を研究したり、練習を重ねたりして、自分に合った、自分らしい唯一無二のフォームを身につけているはずです。

僕も、気象予報士になりたてのころは、いろいろな先輩の真似をしました。自分の中で「今日は○○さんみたいな解説をしたな」と思ったこともあります。このように、色々な「真似」をしてみて、自分で思う「いいところ」だけを取り入れていきました。

「いいとこどり」をするのは、気象予報士の先輩方からだけではありません。ほかのタレントさんだったり、店頭実演販売の人だったり。自分の業種の先輩から学ぶもの、という固定観念は捨てたほうがいいと思います。そうしていくうちに、誰でも、唯一無二の形になっていくのではないでしょうか。人それぞれの個性もありますし、いろいろな人が同じ人から「いいとこどり」をするとしても、取り入れるところは人それぞれ違うはずですから。

僕も、これからもどんどん新しいことに挑戦しながら、気象予報士として無二の存在を目指したいと思います。そして「凡事徹底」。何でもないことを徹底的に、誰にでもできることを誰にもできないくらいやる。僕には特別な才能はありませんが、僕でもできる「凡事徹底」はこれまでも、これからも永遠のテーマです。天気予報で人の命を守る、という使命を全うするため、そして、僕の天気予報によって〝第二のデマ〟を生んでしまわないように！

# 第四章　知られざる横顔

特別対談1

# マーシュ彩×小林正寿

# 「小林さんはヤバい人だと聞いていて…」（マーシュ彩）

「ZIP!」のお天気コーナーで、2022年4月から共演しているマーシュ彩さん。いつも間近で小林さんのことを見ているマーシュさんから、小林さんのこれまでの変人エピソードを裏付けるような話が飛び出しました。

**——お互いの最初の印象を教えてください。**

**マーシュ彩**（以下、**マーシュ**）　共演前は面識がなかったのですが、私が「ZIP!」のお天気コーナーに出演することが決まってから、プロデューサーさんに「小林さんは変わっている人」だと事前に聞かされていて……。

**小林正寿**（以下、**小林**）　長田プロデューサーだね。どんなこと言われたの？

**マーシュ**　「詳しくは会ったらわかるよ。くぼてんきさんと小林さん、見た目的にはくぼさんが変わった人に見えるかもしれないけど、意外と逆なんだよ」って。

**小林**　見た目と中身が逆っていうこと？

**マーシュ**　はい。見た目より変わっていて、ヤバいっていう情報はもらっていました（笑）。

**――実際に小林さんに会ってみて、印象はいかがでしたか？**

**マーシュ**　初めて会ったときは、そこまで変わった人だなとは思わなかったんです。最初は真面目で本当に天気が好きな人なんだなって。それが日が経つにつれて徐々に「なにかおかしい……」という感じで（笑）。

**小林**　出演は4月からだけど、3月から研修で来ていたんだよね。

**マーシュ**　研修のときは見ていただけなので、そこまで変な人には見えませんでしたよ。

**小林**　多分、カッコつけていたのと、本性を見せたら一緒に番組をやりたくなくなっちゃうんじゃないかと、僕も気をつかっていたのかも。毎年、スケジュール帳を新調すると、必ず「クールな男になる」という目標を書いているんだけど、3月はまだその目標が生きているから、ちょっとクールな時期でもあって（笑）。

**マーシュ**　クールな期間だったんですね！

**小林**　ただ、やっぱり人間はそう簡単には変われないよね。だから毎年、そう目標を書いているんだけど……。印象で言ったら、僕のマーシュちゃんの最初のイメージがクールだったよ。最初だから緊張してたのかもしれないけど。僕と歳がちょうどひと回り違うので、仲良くなれるかな、上手く話せるかなとか、モデルさんなのでそれこそクールな人なのかなとか、そういう心配もしていたよ。

**マーシュ**　そんなことないですよ！　最初からよく話してたじゃないですか。

**小林**　たしかに、結構すぐに仲良くなれたよね。オンエアのときのコメントを相談することもあるので、気軽に話せるようになれてよかった。オンエアと反省会と打ち合わせで、放送のある日は4～5時間は一緒に仕事をしていることになるからね。

**――共演してみて、お互いに尊敬するところはありますか？**

**小林**　マーシュちゃんは研修中の3月からずっと、すごくメモを取っていて、覚えが早いんです。吸収しようという姿勢がすごい。まだ21～22歳でしょう。僕が同じ歳のころはまだ気象予報士の試験も受けていないし、鼻水をたらしていたと思う（笑）。いつもメモを取って記録をつけているから、（スタジオがある）汐留がどういう気温で体感なのか、前日までとの違いなんかを提案してくれる。まだ1年くらいなのにすごいなって。本人を前にして初めて言いましたけど。こういう機会がないと、恥ずかしいから直接言えない（笑）。

**マーシュ**　ありがとうございます！（笑）

**小林**　そういう姿を見ているうちにどんな人なのかがわかってきて、話してみるとすごくしゃべるし、笑うし。東京育ちなのに虫が好きなのが意外だった。外のスタジオにいると「小林さん！　ナメクジがいます！」なんて報告してくるくらい、外の花壇とその周辺をよく観察しているよね（※注「ＺＩＰ！」の出演は毎回外のスタジオからリポートしている）。

**マーシュ**　はい。虫を探すのが好きなんですよ。東京育ちですけど、おばあちゃんの家が田舎にあって、小さいころはそこで虫を捕まえたり、川で遊んだりしていましたから。梅雨の時期はナメクジが増えたり、春になったらダンゴムシが増えたり、季節によって出てくる生き物って変わるので楽しいですよね。小林さんも喜んで見てくれるし（笑）。

**小林**　そこで気が合うとは思わなかった（笑）。

**――お互い、クールな印象だったのが虫で盛り上がるようになったと。**

**小林**　僕も虫は好きですけど、外のスタジオにあんなに虫がいることに気づかなかったです。梅雨の時期は毎日なにかしらの虫がいるよね。

**マーシュ**　大きいのから小さいのまでいっぱいいますね。

**小林**　普通、そんなところまで見ないじゃないですか。「この時期はこの虫が増えますね」と、いつもよく見ているから、マーシュちゃんはお天気に向いていると思いました。

**――マーシュさん、小林さんの尊敬するところは？**

**マーシュ**　やっぱり、コメント力ですね。お天気コーナーって尺調整みたいなところがあって、ほかのコーナーが押したりすると、お天気コーナーを短くして調整したりするんですけど、その時間内に自分の言葉でビシッと締めますよね。カンペも見ないで時間通りに終わらせるのは本当にすごいって、ずっと思っています。

**小林**　お天気コーナーは押すことが許されないよね。CM中に「天気、23秒ね！」って急に時間が決まったり。

**マーシュ**　お天気は1秒押しただけで「おい！　なにやってるんだ！」って感じじゃないですか（笑）。そんな状況で、カンペもないのにスラスラ言葉が出てくるのがすごくて、絶対に真似できない！

**小林**　マーシュちゃんのコメントで締めることもあるよね。

**マーシュ**　私はなにかを読んでないと不安ですが、小林さんはまったく見ずにちょっとした言葉の変化で説明するのがすごいです。

**小林**　照れるなあ。マーシュちゃん、好きな食べ物なんだっけ？　今度買っていくね！

**マーシュ**　（笑）。特に全国と関東の天気を両方一気にやる最初の天気予報は大変ですよね。全国版の尺が10秒、たまに8秒なんかのときもあって、その尺で天気を伝えなきゃいけないいんですよ。

**小林**　ＣＭ中の1分30秒の間に「天気、8秒しかないけど、どうする」ということもあって、ＣＭ明けまでに判断しなきゃいけなくて。その日のパーソナリティーやマーシュちゃんとすら会話する時間もなく、その場、その場で瞬間的に決めなきゃいけないいんですよ。

**マーシュ**　本当に簡単にこなすから、難しいことをやっているように見えないんですよ。そういう姿を見ると「やっぱりプロだな」って思います。

**――マーシュさんは小林さんに天気の知識や用語などを教わったことはありますか？**

**マーシュ**　専門的な用語とか、そういうのはまったく知らない世界なので、少しずつ教わっています。例えば、「風冷え」という言葉とか。この仕事をするまでまったく聞いたことなかったんです。

**小林**　天気を表す言葉はいろいろあって難しいよね。

**マーシュ**　「すがすがしい」は季語で、使う季節がちゃんと決まっている、ということとか。普段耳にする言葉だけれど、実は季語だった、ということはよくありますね。

**小林**　晴れた日は「爽やかな天気」と言いたくなるけど、「爽やか」は秋の季語、とかね。

**マーシュ**　「爽やかな春の陽気」とか言っちゃいそう……。それから「肌ざむい」

じゃなくて「肌さむい」とか。そのへんの季語とか言葉遣いは厳しくチェックされますよね。あと、小林さんからは、コメントの締め方を教えてもらいました。最後にこう言えばコメントが締まるよ、とか。

**小林**　最後に「お気をつけください」ってつけるとか。

**マーシュ**　そうそう。「ご注意ください」とか、締まる言葉を言うようにするといいと教わりました。それから、私は気象予報士ではないので、番組内では結構絶妙な立ち位置で、「天気に詳しい」というポジションより、気象予報士と視聴者の中間くらいのポジションを意識するといいともアドバイスいただきました。

**小林**　マーシュちゃんも毎日お天気を伝えているお天気キャスターであって、まったくの素人じゃないから難しいよね。マーシュちゃんには視聴者代表的な意見を話してもらえるといいなと思っていて。例えばマーシュちゃんは寒がりなので「寒がりの人は、私たちがオンエアで着ている服装よりももう1枚着て出かけるようにアドバイスしたほうがいいんじゃないか」とか、意見をもらっています。

**マーシュ**　それから、天気ではないんですけど、スタジオやMCさんとの掛け合いで、どうしたらよかったんだろうっていう場面で、小林さん流の返し方を教えてくれたり。小林さんは掛け合いやトークの返しを考えるのが得意で、隣で聞いていて、そういうところもちゃんと覚えておこうと思っています。

**小林**　難しいよね。その場で瞬発的に答えないといけないから……。僕は、スタジオとの掛け合いでは普段会話するようなイメージで楽に構えて楽しむようにしているよ。

**マーシュ**　「ZIP!」水曜日のパーソナリティーの飯尾和樹さんに「真夏日なのでなるべく日陰を歩いてください」と言ったら、飯尾さんが「モモンガみたいに日陰を渡ります」と返してきて、私はどう応じればいいかわからなくなって。後で小林さんに聞いたら「マーシュちゃんがモモンガになって、カメラの外に出ちゃえばいいじゃん」と教えてくれました。正解かわからないですけど（笑）。

**小林**　あぁ！　思い切って腕を広げてモモンガみたいに去っていったら？　って言

ったかも（笑）。その後は僕らは映らず、天気予報の画面だけが映って声だけで解説する流れになるからいいかなって。まぁ、どこ行くんだ!! ってなるし、かなりシュールだけど……って、ロクなアドバイスしていないね（苦笑）。マーシュちゃん、最初は表情にも苦労していたよね。

**マーシュ**　朝の番組だし、明るく振る舞うのが大事かなって思っていました。実際に、スタッフさんからも笑っていてと言われましたし。でも、雨の日は笑っていていいんだろうかとか、人によっては雨でもうれしい人はいるだろうしって自分の中でも迷いがあって……。

**小林**　マーシュちゃんは真顔だとクールに見えるから余計にね……。

**マーシュ**　最初のころは表情も細かく指示されていて。基本的には気象予報士さんのテンションに合わせているようにしているんですけど……。例えば、雨だけど弱い雨のときは「今日はテンションやや抑えめで。表情は口角を上げたような笑顔にはならないほうがいいけど、でも、暗くなりすぎず」といったアドバイスをしてくれましたよね。

**小林**　マーシュちゃんはすごく熱心で、マーシュちゃん自身の役割をすごく考えていると思います。「明日、風強いですか？」と僕に聞いてきて、風が強かったら次の日は髪を束ねてきてくれたり。僕らの服装は、視聴者のみなさんがその日の服装の参考にする面もあると思うんだけど、マーシュちゃんがこうして天気を意識してくれると、「今日は風が強いのでマーシュちゃんのように髪を束ねて出かけるといいですよ」と伝えることができます。そこまで気にしてくれているんだって感心しています。

**——衣装もその日の天気で決めるんですか？**

**マーシュ**　衣装は事前に用意されているので別ですけど、やっぱり髪型が天気の影響を受けることが多くて。特に外のスタジオは風が強くて、そういうときは私自身、髪をまとめたいなと思うので、見ている人もそうかなって。小林さんも「明日は風が強いよ」ってこっちから聞かなくても教えてくれますからね。

**小林**　衣装は事前に決まっているけど、風が強い日はスカートからパンツに変更したりしているよね。

**マーシュ**　予備でパンツを用意したり、風が強いとタイトめなスカートのほうがいいかな？　と、予備の衣装も用意してあるんです。

**小林**　僕も女性誌を見て服装をチェックしたりもしますけど、やっぱり女性でないとわからないことっていっぱいありますからね。

**マーシュ**　えー！　女性誌もチェックしているんですね！

**小林**　おかげで「チュールスカート」という言葉も出てくるようになったよ（笑）。

**マーシュ**　（笑）。でも、小林さんはスケルトン的な服は苦手なんですよね。初めてそれを知ったのは研修中のときで、びっくりしました。（前任の）貴島明日香さんがスケルトンぽい衣装を着ているときに「生春巻きみたいで苦手なんだよね」って言っていましたよね。「この人、なに言っているんだろう」って思いました（笑）。

**小林**　自己申告してた？

**マーシュ**　してました！

**小林**　やっぱり全然クールじゃない……（笑）。

**マーシュ**　スケルトン、流行ってるんですよ。かわいいじゃないですか。

**小林**　透けてたら意味なくない？　って思っちゃうんだよね。

**マーシュ**　ありますよ！

**小林**　透明なバッグとかも、雨から守りたいならビニールかぶせればいいじゃんって。

**マーシュ**　それがかわいいんですよ！

**小林**　プールのバッグみたいじゃん。

**マーシュ**　違います！

――（笑）。**これまでで、番組中にハプニングはあったりしましたか？**

**小林**　本来、画面に映らない場面で僕がスマホをいじっている姿がオンエアされちゃったことはありましたね。

**マーシュ**　ありましたね！

**小林**　ＣＭ明けで違うコーナーに行く予定で、僕らは外のスタジオで待機してて。そのとき僕はスマホで天気図をチェックしていたんですけど、そのタイミングで僕らが映ってしまったみたいで。

**マーシュ**　そうなんですよ！　ちょうどそのときは、次の天気予報のリハーサルが終わった直後で、オンエアの画面を見ることができてなくて。私はイヤモニ（※注イヤーモニター。放送中耳につけていて、オンエアの音がここから届く）をしていたから、途中でスタジオの水卜麻美さんが「小林さん、マーシュちゃん」って呼びかけていることに気づいて。でも、小林さんはイヤモニを外していたので気づかないままで……。

**小林**　後で録画を見たら、マーシュちゃん「えっ⁉」っていう顔をしてたね。

**マーシュ**　小林さんはイヤモニしていないのに、なぜか誰かに向かって「はい」って返事してたてびっくりしましたよ！

**小林**　スタッフさんも誰もなにも言っていないのになぜか「はい」って返事しているんだよね。それなのにスタジオの水卜さんの呼びかけをシカトして、スマホをいじっているから、すごく態度が悪い（笑）。

**マーシュ**　10秒くらい、その姿が映ってしまって。

**小林**　でも変な話をしているときにオンエアに乗らなくてよかったね。

**マーシュ**　「服が生春巻きみたいで嫌だ」とか（笑）。

**小林**　あと、きつねダンス（※注　プロ野球日本ハムのチアダンス）をやったときはマーシュちゃんに助けられたよね。

**マーシュ**　お笑い芸人のきつねさんと一緒にきつねダンスをしたときですね。淡路幸誠さんが新庄剛志監督のモノマネをしてきつねダンスを踊るので、私たちもきつね耳のカチューシャをつけて一緒に踊ることになって。天気予報が終わるまでカチューシャを後ろ手に隠して、終わってからみんなでつけて踊る予定だったんですけど、小林さんは解説に夢中でずっと前に持ったままで……。

**小林**　天気予報が終わる直前にマーシュちゃんが気づいて、指をさしてジェスチャーで教えてくれて、なんとか映さずに済んだんだよね。マーシュちゃんが教えてくれなかったら危うくネタバレするところだった。

**マーシュ**　きっと忘れているんだろうなって思ってアピールしました。それよりも、そのときの小林さんのきつねダンスのほうが事故でしたよ（笑）！

**小林**　いや、でもそれはその日のオンエア中に聞かされて、練習する時間もあまりなかったから……。

**マーシュ**　天気班のみんなでオンエアの合間に練習したんですけど、小林さんだけヤバすぎて怖かったです（笑）。

**小林**　どの部分を踊るかわからなかったから、全部練習したけど、全部は無理だって……。

**――小林さんはダンスが苦手と聞いていますが、そんなにひどかったんですか？**

**マーシュ**　動きが固くてなめらかさがまったくないというか……。小林さん、私が今まで見た人の中で一番ダンスが下手だと思います（笑）。面白くて好きではあるんですが、どこから直していいかわからないくらい、すごいダンスでした（笑）。

**小林**　みんなに緊急手術してもらったね。

**マーシュ**　みんなで一生懸命教えて、どうにか「これだったらまだイケるだろう」というレベルまで持っていきましたね。「もっと腰を入れて！　そうそう！　いいよ！」って。

**小林**　褒めて伸ばしてくれたよね（笑）。

**マーシュ**　本当にあのダンスはヤバすぎました（笑）。

**――ほかに、小林さんの〝ヤバい話〟があれば教えてください。**

**マーシュ**　たくさんあるんですけど、ヤバい話をいろいろ聞きすぎて、最近少し麻痺してきたかもしれません（笑）。一番ヤバいと思ったのは、コロナ前で私が「ZIP！」に来る前の話なので、スタッフさんに聞いたんですけど、天気班のみんなで飲み会をやっているとき、小林さんは飲み会の席で記憶がないくらい酔っぱらっても雨雲レーダーをずっと見ているらしいんです。

**小林**　酔っぱらって、自分の中では無意識な状態で、スマホで雨雲レーダーとか気象衛星ひまわりの画像をチェックしているみたいです。

**マーシュ**　本人も自覚がないのも衝撃的ですね。

**小林**　みんなに引かれたけど、なにが衝撃的かわからないんだよね……。

**マーシュ**　いや、結構怖いですよ。天気に囚われている……って。みんな怖がっていますよ（笑）。

**小林**　その話を聞いて、僕はてっきり「いつも天気のことを気にかけて、プロ意識が高い！　カッコいい！　真面目！」と言われると思っていたんだけど……。

**マーシュ**　ほかに聞いていた人も悲鳴を上げていましたよ。「怖い～！」って。天気をチェックするのが日常すぎて麻痺しているんですよ。ほかにも、小林さんは人との距離が近いというか、距離感がバグっていますよね。

**小林**　それはよく言われる。

**――人との距離感が近いというのは？**

**マーシュ**　小林さんは結構知らない人に話しかけるらしいんです。公園にいる人に話しかけたり、ケンカしてるカップルの仲裁に入ったりしているらしいんですよ。

**小林**　休日に公園によく行くんですけど、隣にいる人に話しかけたりすることは多いですね。カップルのケンカのときは、二人が駅ビルの入り口でガッツリケンカしてて、ほかの人の邪魔にもなるし、目立ってるから二人のためにもなるかなと思って止めに入ったんです。

**――どんなふうに止めたんですか？**

**小林**　「まあまあ、いろいろあるよね」っていう感じで。一時的な感情のもつれかなって思ったので。

**マーシュ**　普通はなかなか仲裁に入れないですよ。私が一番ヤバいと思ったのは、お見合いしている二人の間に割って入ったことですよ！

**――お見合い!?**

**小林**　ホテルのレストランで一人で食事していたら、隣のテーブルの男女がお見合いのような、初対面だったようで。男性の方が緊張気味で「今日はいい天気ですね」と言っているんですが、その日は霧が濃くてガスっていたんです。でも女性の方は大人で「いい天気ですね。こんな日に会えてうれしいです」という会話をしていて、気になってしまって。あまり会話も弾まない中、さらに男性が「僕のオフィスはこのビル群の一角にあって……」と言い出したんですけど、一人で「いや、霧で見えん見えん！」と心の中でツッコんでしまって（笑）、さすがに気になってしょうがないので「この後も北東の海から湿った空気が入ってきて霧が出たままなので、ビル群は見えないですよ」とお伝えしました。

**マーシュ**　本当に余計なお世話ですよ！

**小林**　「へえ、そうなんですか」って、会話も弾んでしゃべるようになったので、僕はよかったと思ってそのままご飯を食べ続けたんですけど。

**マーシュ**　そこで帰らないのもすごい！　居座るんですね！

**小林**　だって、まだ食べてる途中だったし。

**マーシュ**　帰り際に言ってその場を去るならまだしも……。居続けられるメンタルの強さ（笑）。

**小林**　まあ、二人の〝霧が晴れた〟のでよかったでしょう！

**マーシュ**　……。

――……。

**マーシュ**　いつもこういうことを話しているんですよ。一人でご飯食べている人にも話しかけて、迷惑そうにされてもめげずに話しかけるんですから。だから、いろいろな人に話しかけて、その人の人生とかを文章にまとめてＳＮＳで紹介するような連載をしたらいいんじゃないかって提案しているんです。

**小林**　知らない人に傘を配っているって話をしたときに、思いついてくれたんだよね。やってみようかな？（笑）

**マーシュ**　電車の中で出会った女の人の話も面白かったですよ！

**小林**　桜が咲いている時期、散歩した後に電車に乗ったら、女性が僕の頭に触ったような気がしてそっちを見たら、桜の花びらを持って「春ですね」って言いながら花びらを「ふっ」って吹いて、どこかに行っちゃって。どんな人生を送ったらそんなセリフが言えるんだろう。その女性がカッコよくて将来的にやってみたいと思いましたね。

**――「変わった人だったな」じゃなくて「いつか自分もやろう」と思ったんですね……。**

**マーシュ**　小林さんには面白い人が寄ってくるんですよね。話しかけたり、話しかけられたりのエピソードでいろいろ書けますよ。

**小林**　たしかに年齢を問わず、面白い人が寄ってくるかもしれませんね。いつだったか、公園で写真を撮っているとき、後ろに下がりながら構図を決めていたら、砂場に入っちゃって、そこで子どもたちが作っていたお城を壊しちゃったことがあって。さすがに責任を感じて、僕も協力してお城を作り直していたんですけど、僕が夢中になっている間に子どもたちがいなくなっちゃったこともありました。「やった！　できた！」ってなったら、一人だった。

**マーシュ**　それは小林さんが面白いというか、変な人じゃないですか！

**小林**　(笑)。友達と東京スカイツリーで待ち合わせしていたら、いろいろな人に写真を撮ってほしいと頼まれて、スカイツリーを上まで入れたり、ジャンプした瞬間を撮ってあげたりしていたら、僕が撮影係のようになってしまい、長蛇の列になっていたこともあったなぁ。

**マーシュ**　知らない人に平気で話しかけるの本当にすごいですよね。「気象予報士の小林正寿さんだ」ってバレたことないですか？

**小林**　名乗って話しかけているわけじゃないのでバレることはないけど、たまに、しゃべっているうちに「あ！」ってなることはあるかな。いざ気づいてくださるとなぜか恥ずかしくなっちゃうんだよね……。

**マーシュ**　だったら話しかけなきゃいいのに(笑)。小林さん、本当に話し好きですよね。テレビ局に来てもずっとしゃべっていますもんね。

**小林**　すみませんね、こんなおじさんの話をいつも聞かせてしまって。

**マーシュ**　いや、小林さんの話は面白いですよ。そのついでと言ってはなんですが、聞きたいことがあって……。

**小林**　なに？

**マーシュ**　この先、ベッドを購入する予定はあるんですか？

**小林**　ない！

**マーシュ**　（笑）。

**小林**　ベッドがなくても健康を維持できてるから……。

**マーシュ**　できてないですよ！　短い期間で2回もぎっくり腰になっているじゃないですか！　そろそろ歳に抗えなくなってきているんじゃないですか？

**小林**　これからはなにかあるとベッドがないせいにされるなあ。

**マーシュ**　天気班は全員それが原因だと思っていますよ！　それから、オフィスの共用のイスも、小林さんだけ一番上まで上げて座っていますよね。デスクに足が入らないくらい高くしているから猫背というか、エイリアンっぽい姿勢になってパソコンをやっているから、腰を悪くしているんじゃないんですか⁉

**小林**　低くすると足を押し付けている気がして。足は地面にちょっとついているくらいがちょうどいいんだよね。ほら、足が長いから！

**マーシュ**　……。みんな「このイス、小林さんが使ったでしょう」ってわかりますからね。

**小林**　今度そう言っている人がいたら「小林が温めておいたよ」って言ってたって伝えておいてよ。

**マーシュ**　すごいシーンとした空気が流れそうですね。それか悲鳴か。

**小林**　そんなに受け入れられないかな？

**マーシュ**　小林さんに彼女ができたらうまくいくのかなって心配になります。料理もネギを歯で噛みちぎったりとか、度を超えているので……。天気班はそのことばかり心配していますよ！

**小林**　やっぱりクールな男になったほうがよさそうだね。これからも目標は「クールな男になる！」

**マーシュ**　がんばってください（笑）。

マーシュ彩　2000年生まれ。「ZIP!」の8代目お天気キャスターを務めている。モデルとして女性ファッション誌に多数出演、女優としてもドラマ、映画に出演するなど幅広く活躍中。

特別対談2

# 長田宙×小林正寿

# 「小林さんの天気予報は〝信頼の極致〟」（長田宙）

「ZIP！」で番組プロデューサーを務めていた、長田宙《おさだひろし》さんが見た小林さんとは？　オーディションでの様子や、小林さんの特殊能力、バラエティ番組出演の裏側など、プロデューサーだからこそ知っている姿を語ってもらいました。

**――小林さんが出演しはじめた時期の「ZIP！」について教えてください。**

**長田宙**（以下、**長田**）　2019年1月、「ZIP！」のお天気コーナーに出演する気象予報士の方の選考が始まりました。たくさんの気象予報士の方にお会いして、最終的にお願いすることになったのが、小林さんとくぼてんきさんです。それまで、「ZIP!」のお天気コーナーは女性のお天気キャスター、貴島明日香さんが一人で天気を伝えていたのですが、当時、自然災害や異常気象――大雨だとか、記録的な猛暑とか、が増えてきて、優しく、でもより深く天気の情報を伝えたいと思い、気象予報士さんに出てもらおう、ということになったんです。

**小林正寿**（以下、**小林**）　面接のとき、長田さんが真ん中に座っていらしたのをよく覚えています。会議室で、天気予報の実演をしましたね。

**長田**　オーディションでの小林さんは群を抜いて安定していました。冷静で、しゃべるのが上手で、知識が豊富。天気予報に対してどんな無茶振りな質問をしても、しっかり落ち着いて返してきていましたから。あのときは緊張していませんでした？

**小林**　緊張はしていなかったんですけど、僕は当時「Oha!4 NEWS LIVE」のサポートで深夜0時から10時まで仕事をしていて、その後17時くらいのオーディションまで一睡もしていなかったので、なにを話したかまったく覚えてないんですよね……。

**長田**　その状態であの受け答えはすごい（笑）。オーディションでは最終的に二人に絞られて、それが小林さんとくぼてんきさんでした。悩んだのですが、タイプが違う二人が違う日に天気を伝えるのが面白いんじゃないかということになって、今の二人体制になりました。今だから正直に言いますけど、ルックスも爽やかな「正統派枠の小林さん」とNSC卒の元お笑い芸人という「変わり者枠のくぼさん」での採用だったんですよ。

**小林**　そのプランをぶち壊してしまってすみません（笑）。

**長田**　オンエアでは印象通りでしたよ。真面目で、清潔感があって、爽やかで、落ち着いて聞きやすいしゃべり方で、期待していた以上にオンエアでのパフォーマンスが高くて驚きました。僕たちが求めていたような、語りかけるような優しいしゃべり方で天気予報ができていて。なによりも、最初から尺の管理が上手でびっくりしましたね。

**小林**　尺の管理は、それまでのテレビの仕事でずいぶん鍛えられました。

**長田**　尺を管理する力は、関東に住んでいる人よりもそれ以外の地域に住んでいる人からのほうが見えやすいかもしれないのですが、例えば、お天気コーナーが3分半あったとしたら、最初の1分半は全国の天気、残りの2分は各地方の天気をそれぞれの局で放送することもあります。関東ではずっと小林さんが映っていますが、関東以外の地域では途中から、別の方の天気予報に切り替わるのです。尺読みが甘いと、切り替わるタイミングで言葉が切れてしまったり、切り替わる寸前で早口で言葉を詰め込んでしまったりするんですが、小林さんはほぼ途中で切れたことがないと思います。

**小林**　お天気コーナーは、30秒あると思っていた尺が急遽15秒になったりとか、テレビに映っていないところで、絶対になにかが起きますからね。

**長田**　逆に尺の管理ができないと、バタバタしてるのが視聴者にも伝わっちゃうんですよね。それをわからせない小林さんの技術はさすがです。

**小林**　オンエア中にスタッフさんとサインを出し合ったりもしているんですよ。例えば、ラストの20秒で用意していた画面を出すか出さないかは、僕が状況次第で最終的に判断するんですけど、ディレクターが「時間がなくて行けない！」とサインを出してきても、僕が走るポーズをとって「行く！」とやったり。

**長田**　あの動きにはそんな意味があったんだ（笑）。天気の解説をしながら同時にそういう判断をできるんだからすごい能力ですよ。サッカー選手がボールを見ずに蹴る方向をコントロールできたり、僕たちが「あ」という字をなにも考えずに書けるのと同じように、小林さんって天気のことは無意識下でしゃべることができて、それと同時に状況に応じてどう対応するか考えることができるんでしょうね。

**小林**　そうかもしれないですね。事前の予報で、その日伝える天気の物語は頭に入っているので、オンエア中は、それを長編の物語として話すか、短編の物語として話すかを、その場で判断しているので。さらに自分の頭の中にいる7人くらいの僕が「次はこれをしゃべろう」「スタジオとの掛け合いはこうしよう」「あ、噛んだ」と同時にいろいろ考えていますね。

**長田**　そうなってるんだ！　日テレのアナウンサーも持っていない能力ですよ(笑)。僕は、朝の天気予報って、テレビで1日に放送される天気予報でも一番責任重大だと思っていて。その日の服装や持ち物、場合によってはその日の行動も、朝の天気予報を見て決めますよね。だけど、小林さんなら安心して任せられます。

**小林**　そうですね、「命に関わることをやっている」というのは、僕も常々思っていることです。

**――そんな小林さんを長田さんが「あれ？　変わってるな」と思いはじめたきっかけはありますか？**

**長田**　イジると面白い人だと思ったのは、1ヶ月くらい経ったころですかね。2019年5月に、その月のパーソナリティーになったＤＡＩＧＯさんが小林さんといろいろ掛け合いをして、面白さを引き出してくれたんです。

**小林**　その後にロバートの秋山竜次さんが月替わりのパーソナリティーになって、さらにグイグイ来てくれました。

**長田**　秋山さんにはずいぶんイジられていましたよね。「こばやし～！」って。

**小林**　気温が25度の予想のときに、秋山さんに「暑がりだと思うので、気をつけてください」と、勝手に秋山さんが暑がりだと決めて話したときとか……。

**長田**　「おい！　小林！　俺のことなめてるだろう！」って（笑）。

**小林**　コーナーの尺がパッパッでさすがに僕も焦っていたときは「小林！」と呼ばれても反応できずに、スルーしてしまったり……（苦笑）。

**長田**　小林さんは至って真面目に進めようとして、その噛み合わなさが面白かったんですよ。月替わりのパーソナリティーが終わるので、最後に秋山さんになにがしたいか聞いたら「（天気予報をしている）外のスタジオで小林と絡みたい」と（笑）。

**小林**　秋山さん、外のスタジオまで、ビーチチェアを持ってきて、上半身裸で寝そべって「暑いねー！」なんて言ってましたね。寝そべってる秋山さんに僕が水を飲ませたりしたのを覚えてます（笑）。

**長田**　ＤＡＩＧＯさんや秋山さんをはじめ、パーソナリティーの方は「イジったら面白そう」という嗅覚がすごいんですよね。

**小林**　自分でも「こんなことを面白がってくれるのか」という、これまでにない発見がありました。

**長田**　数ヶ月もすると、ほかの共演者やスタッフからも「小林さんが変わっている」という話を聞くようになって。最初「小林さん、家に布団もカーテンもないらしいですよ」と聞いたときは「そんなワケないだろう！　床で寝ている？　そんな人いるわけないじゃん〜」と言ってたのですが、でも小林さんって真面目な人で話を盛って面白くするタイプじゃないしな……と。

**小林**　若い独身の男性だったら、包丁がなかったり、布団がない経験もあるものだと思っていたので、自分では変わっていると思わなかったんですよね。

**長田**　いろいろな話を聞くうちに、これはいよいよ変わっているぞと思って。そこで「踊る！さんま御殿‼」のプロデューサーに「うちの気象予報士で変わった人がいるんだけど」と話してみたんです。そうしたら、たまたま「1ヶ月後に『モノを捨てられない人、捨てる人』というテーマで収録があるから、1枠空けておくよ」ということで、小林さんの出演が決まったんですよ。プロデューサーも「ZIP！」を盛り上げてやるか、くらいで期待はしていなかったと思います。だって、気象予報士ですから（笑）。

**小林**　長田さんが売り込んでくれて出演ができたんですけど、長田さんは収録当日も、収録開始に遅れそうになった僕を慌てて迎えに来てくれましたね。

**長田**　芸能界の先輩たちが揃っているのに、小林さんだけ来ないから、さすがに焦りましたよ！

**小林**　さすがに僕も焦りました（笑）。収録も初めてのバラエティ番組なので、勝手がわかりませんでしたが、スタッフさんからは「（発言を）行けるところで行ってください」と言われていたので、橋本マナミさんが「下着を捨てられなくて……」と話し出したところで、「下着は布製、布団も布製」という思考回路が働き、橋本さんの発言の途中にもかかわらず「僕、布団を捨てました」と切り込んだんですよね。

**長田**　スタジオで見ていましたけど、共演者の方はみんなびっくりしてましたよ。「え、こんな下手な間で入ってくるんだ！」って。あそこは明らかに橋本さんのターンでしたもん（笑）。

**小林**　僕としては「よし、今だ！」と思って入ったんですけど、スタジオが微妙な空気になってしまって、「あれ？　違ったのかな……」と。

**長田**　さすがに明石家さんまさんも最初は「お、おぉ……」みたいな。でも、ここでもさんまさんの「イジったら面白い」というレーダーにかかったのか、すごく盛り上がりましたね。

**小林**　収録終わった後「やってしまった……ヤバい……」と思いながら退場したら、長田さんが満面の笑顔で迎えてくれて。

**長田**　すごくとっちらかした結果、〝踊るヒット賞〟でしたから（笑）。番組のプロデューサーからも「小林さんよかったよ、ありがとう！」と言われました。まったく期待していなかった気象予報士が大暴れしましたからね。

**小林**　それが2020年の1月で、3月にも出演させていただいたんですよ。

**長田**　「人生が変わる1分間の深イイ話」はその後ですよね？

**小林**　そうですね。取材で2ヶ月も密着していただきました。

**長田**　最初、小林さんに密着したいと僕に相談があって。密着してもらうのはいいのですが、小林さんの「変な人」な面だけがフォーカスされるのは違うかなと思ったんです。だから小林さんが真面目に天気に向き合っているところもちゃんと紹介してほしい、と伝えました。

**小林**　そんなやり取りがあったことは知らなくて、どんな内容になるのかわからなかったので「気象センターで一生懸命やっているところを見せなきゃ」なんて考えていました。

**長田**　そうしたら真面目に天気に向き合ってる姿と、衝撃的な映像も飛び込んできましたね。「しゃもじで直接ご飯を食べてる！」って（笑）。

**小林**　変なところだけじゃなく、天気にしっかり取り組んでいる姿も紹介されてよかったです。

**長田**　僕らも、見たかった小林さんの私生活が見られたのでよかったですよ。

**小林**　私生活のそういうこと、「ＺＩＰ！」をやるまで話す機会がなくて……。

**長田**　そりゃあそうでしょう（笑）。

**小林**　自分の生活が仕事につながるとは思いませんでした。

**長田**　僕は、たくさんあるテレビ番組の中から視聴者の方に選んでもらうには、出演者への愛着や、親近感を持ってもらうことが必要だと思っていて。バラエティ番組で「小林さんはこういう人」とパーソナルな面を知ってもらうことは、そのきっかけになったかなと思います。

**小林**　街で「ネギの人ですか？」と聞かれるようになりましたね。「はい」って答えるべきか悩むんですけど。

**長田**　（笑）。一方で、小林さんはこだわりが強いところもありますよね。当時、パーソナリティーだった俳優の工藤阿須加さんが、特殊な生活を心配してベッドをプレゼントしようとしたんですけど、小林さんは頑なに断って。「遠慮しなくていいですよ！」「いらないです！」「送るから、住所を教えて」「嫌です！」って、最後のほうはケンカみたいなやり取りになっていましたから（笑）。

**小林**　工藤さんとは歳も近いし、ラーメンのロケを一緒にやったりして仲はいいんですけどね。

**長田**　ありがたい話なのに必死で断ってましたね。

**小林**　人によって健康管理や生活のルーティンが違いますからね（笑）。僕は今の生活で固まっているので、ベッドは本当にいらないんですよ。ベッドだと熟睡してしまうし、寝ている時間がもったいないですから！

**長田**　その生活で遅刻もないですからね。

**小林**　このスタイルが合っているからですよ。

**――先日の対談で、マーシュ彩さんもベッドを買わないのかと心配されていました。**

**長田**　マーシュちゃんは驚いたでしょうね……。

**小林**　そういえば、マーシュちゃんに「小林は変わっている」と教えたのは長田さんですね!?

**長田**　はい。「マーシュちゃんが会ったことがない人種だよ」と。

**小林**　彼女、最初はちょっと警戒していたっぽいですよ。

**長田**　まあ、今はみんな仲よくなって、信頼もされているからいいじゃないですか。「ZIP!」出演者やスタッフは信頼しすぎて、プライベートの大事な予定がある日の天気を小林さんに聞くくらいですから。

**小林**　多いのは釣り、ゴルフ、ディズニーランドですね。特にディズニーランドは数えきれないくらい個人向け天気予報をしています。

**長田**　そんな人たちを見て「それ、すごく贅沢だぞ！」って思ってます（笑）。みんな、たまのオフで出かけるものだから、自分で天気を調べるよりも信頼している小林さんに聞いちゃうみたいです。

**小林**　テレビよりもピンポイントで予報しなければいけないので、僕も勉強になりますよ。

**長田**　パワーポイントの資料を渡しているらしいですね？

**小林**　そうです。天気予報と、その日の服装や持ち物のアドバイスが1枚のシートになっているんです。よかれと思って作っているんですが、「え、そこまでしなくていいです……」と引かれることもあります（笑）。あと、おみやげを期待していると思われたら申し訳ないなと思っています。みなさん、お気遣いなく。

**長田**　出演者やスタッフにとって、小林さんの天気予報は、「信頼の極致」という感じですね。信頼といえば、小林さんと4年近く一緒に番組をやりましたが、最近は若手のスタッフに番組の作り方を教えてくれたりとか、チームをパワーアップさせてくれていると感じています。そういう面でも本当に信頼できるというか。

**小林**　僕自身も気象予報士を11年やってきて、立場が変わってきているのかなと感じています。若いうちからテレビに出させてもらっているので、世代のトップとして引っ張っていければなという気持ちはありますね。僕と同じオーディションを受けた人や、この仕事をやりたくてもやれない人の分までしっかりやらないと罰が当たると思っていて。病気やケガでこの仕事を諦めた人もいるでしょうし、その人が健康だったら絶対に一生懸命やっているはずで、健康な自分が一生懸命やらないわけにはいかないです。

**長田**　バラエティ番組でも一生懸命ですよね。

**小林**　長田さんにバラエティに導いてもらったことも実は重要なことでした。なぜかというと、バラエティ番組に出たりいじられたりしている僕が、台風や災害があったときに真剣な顔をして伝えていると、見ている人にも「本当に重大なんだ」ということが伝わりやすいのではないかなと考えるようになったからです。

**長田**　「ZIP！」で共演しているアナウンサーたちも自然災害に関しては（気象予報士ではないので）今後の見通しを話すことはできないですからね。天気の有事のときは、小林さんにスタジオに来てもらい、アナウンサーらが質問をしていくのですが、それに対して冷静にわかりやすく答えてくれる。「ZIP！」総合司会だった桝も今の総合司会の水卜も「小林さんがいてくれないと困る」と言うほど、小林さんは信頼されていますし、それは本当に努力しているからなんだと実感しています。

**小林**　うれしいですね。

**長田**　小林さんの説明はわかりやすいですし、若いスタッフに対しても、カンペの書き方や尺の出し方、原稿のポイントも「こう伝えてくれればいいよ」とか「大事なコメントはこっちだね」と、優しく指導してくれていますよね。

**小林**　若いスタッフさんにはなるべく話しかけやすい雰囲気でいるように心がけていて、コミュニケーションを取りながら、お互い勉強できればいいですね。

**長田**　このキャラだから話しかけづらいということはないと思いますけど。

**小林**　僕のズボンのチャックが開いていたら「開いてますよ」と教えてくれる距離感が理想です。

**長田**　ちょうどいい信頼関係だ（笑）。

**小林**　長田さんも気づいたら教えてください（笑）。

長田宙

日本テレビコンテンツ制作局プロデューサー。2018年～2022年まで「ZIP!」担当。

# おわりに

およそ1年前にいただいた本書の執筆依頼。「エッセイ？　僕が？　いやいや、僕の人生なんて誰も興味ないでしょ。人気俳優やアイドルじゃあるまいし。もしかしてドッキリ？　でも、ドッキリにかけられる器でもないしなあ」。僕の最初の感想はこんな感じ。でも、僕の仕事は人に「伝える」こと。僕が人生を語ることによって、誰か一人にでも響くことがあるのなら――そう思ってお受けしました。

「心が変われば態度が変わる、態度が変われば行動が変わる、行動が変われば習慣が変わる、習慣が変われば人格が変わる、人格が変われば運命が変わる、運命が変われば人生が変わる」。ご存知の方も多い言葉だと思いますが、インドのヒンドゥー教の教えを引用した言葉だそうで、僕は尊敬する野村克也さんの著書で知りました。僕の人生は、まさにこの言葉の通りに歩みを進めていると思います。

まったく勉強をせず落ちこぼれとなり、道を踏み外しそうになった高校時代。その行いに対する悔いをずるずると引きずった大学時代。ついにはパニック障害に。どんな大人になってしまうのかと家族に心配をかけまくっていた人間が、「心」を変えて、気象予報士試験に挑戦することにした。人生をかけて、真面目な「態度」で勉強に取り組んだ。いつの間にか勉強という「行動」が「習慣」化していた。そして、気象予報士試験に合格した。努力すること、病気を経て人の痛みを知ったことで「人格」が変わり、「日本一、思いやりのある気象予報士になる」という志をかかげた。そして、気象予報士という「運命」的な仕事に就くことができた。

パニック障害を抱えた人にとって、テレビの仕事は最も縁遠い仕事に見えるかもしれません。でも、自分にはピッタリでした。幼いころからの〝将来はテレビの仕事をするんだろうな〟という直感を信じてチャレンジした大学生のときの自分、そして、なんの根拠もない直感を信じて支えてくれた家族に感謝したいと思います。気象予報士人生11年目。今僕は、自分でも想像できなかった、最高に幸せな「人生」を歩んでいます。

「変わり者」や「ミニマリスト」と呼んでいただくことの多い、今の僕の生き方は、どうやら〝普通〟ではないらしい。

パニック障害を患っていたときは、友達とご飯を食べに行ける普通の生き方に憧れていました。普通のことができなかったから。でも、普通を求めるから苦しかったんだと、今では思います。これを教訓に、「人と比べない」「無理しない」「自分らしく」を貫いて、自分に正直に生きていたら、今の小林正寿ができあがりました。人と比べなければ優劣なんてない。浮世離れしている生き方でもいい。

みなさんも、そんなふうに肩の力を抜いて、自分に正直に生きてみませんか。「しゃもじがあれば箸はいらない」僕のように。

小林正寿

2023年4月　桜が満開の季節に

**小林正寿**（こばやしまさとし）

気象予報士。1988年生まれ。2019年より日本テレビ系「ZIP!」にお天気キャスターとして出演中。天気予報のほか、バラエティ番組にも多数出演している。布団なし・カーテンなし・包丁なし・箸なし……という極端にモノのない生活や、ハンバーガーが主食という偏った食生活がバラエティ番組で取り上げられ、話題となる。いばらき大使、常陸大宮大使。水戸ホーリーホックオフィシャルウェザーサポーター。

Twitter @wm_mkobayashi

Instagram @wm_mkobayashi

〈スタッフ〉

カバー撮影／金田裕平

スタイリング／森本裕治（dexi）

ヘア＆メイク／上地可紗（dexi）

---

ＤＴＰ／キャップス

校正／山崎春江

編集／志村綾子

---

マネジメント／ウェザーマップ

**しゃもじがあれば箸《はし》はいらない**

2023年5月1日　初版発行

著者／小林正寿

発行者／山下直久

発行／株式会社KADOKAWA

〒102-8177 東京都千代田区富士見2-13-3

電話0570-002-301（ナビダイヤル）

印刷・製本／図書印刷株式会社



ISBN 978-4-04-897559-9 C0095